七彩数学

姜伯驹　主编

Q I C A I S H U X U E

古希腊名题与现代数学

张贤科□编著

科学出版社

北京

内 容 简 介

立方倍积、三等分角、化圆为方、正多边形作图、方程的根式解和费马大定理，这些是最著名的数学历史性难题，影响深远．本书由浅入深介绍其源头、沿革、最终解答和引发的现代数学．前部分浅显有趣，初中生可读.后部分渐深，以古典问题为线索介绍现代数学中极重要而又有趣的群、域、模、伽罗瓦理论、代数数、超越数、椭圆曲线等，大学生可阅读．最后一章也易读.

图书在版编目(CIP)数据

古希腊名题与现代数学/张贤科编著. —北京：科学出版社，2007

（七彩数学）

ISBN 978-7-03-017882-4

Ⅰ. 古…　Ⅱ. 张…　Ⅲ. ①古典数学-古希腊-通俗读物②数学-通俗读物

Ⅳ. O1-49

中国版本图书馆 CIP 数据核字(2007)第 099660 号

责任编辑：吕　虹　陈玉琢　莫单玉 / 责任校对：桂伟利

责任印制：赵　博 / 封面设计：王　浩

科学出版社 出版

北京东黄城根北街 16 号

邮政编码：100717

http://www.sciencep.com

北京科印技术咨询服务有限公司数码印刷分部印刷

科学出版社发行　各地新华书店经销

*

2007 年 3 月第　一　版　　开本：A5(890×1240)

2025 年 2 月第八次印刷　　印张：7 7/8

字数：111 000

定价：64.00 元

丛书序言

2002年8月,我国数学界在北京成功地举办了第24届国际数学家大会.这是第一次在一个发展中国家举办的这样的大会.为了迎接大会的召开,北京数学会举办了多场科普性的学术报告会,希望让更多的人了解数学的价值与意义.现在由科学出版社出版的这套小丛书就是由当时的一部分报告补充、改写而成.

数学是一门基础科学.它是描述大自然与社会规律的语言,是科学与技术的基础,也是推动科学技术发展的重要力量.遗憾的是,人们往往只看到技术发展的种种现象,并享受由此带来的各种成果,而忽略了其背后支撑这些发展与成果的基础科学.美国前总统的一位科学顾问说过:“很少有人认识到,当前被如此广泛称颂的高科技,本质上是数学技术”.

在我国,在不少人的心目中,数学是研究古老难题的学科,数学只是为了应试才要学的一门学科.造成这种错误印象的原因很多.除了数学本身比较抽象,不易为公众所了解之外,还有学校教学中不适当的方式与要求、媒体不恰当的报道等等. 但是,从我们数学家自身来检查,工作也有欠缺,没有到位. 向社会公众广泛传播与正确解释数学的价值,使社会公众对数学有更多的了解,是我们义不容辞的责任. 因为数学的文化生命的位置,不是积累在库藏的书架上,而应是闪烁在人们的心灵里.

20 世纪下半叶以来,数学科学像其他科学技术一样迅速发展. 数学本身的发展以及它在其他科学技术的应用,可谓日新月异,精彩纷呈. 然而许多鲜活的题材来不及写成教材,或者挤不进短缺的课时. 在这种情况下,以讲座和小册子的形式,面向中学生与大学生,用通俗浅显的语言,介绍当代数学中七彩的话题,无疑将会使青年受益. 这就是我们这套丛书的初衷.

这套丛书还会继续出版新书,我们诚恳地邀请数学家同行们参与,欢迎有合适题材的同志踊跃投稿. 这不单是传播数学知识,也是和年青人分享自己的体会和激动. 当然,我们的水平有限,未必能完全达到预期的目标. 丛书中的不当之处,也欢迎大家批评指正.

姜伯驹

2007 年 3 月

目　　录

引　言

本书介绍最著名的数学难题：立方倍积、三等分角、化圆为方、正多边形作图、方程的根式解和费马大定理．介绍其历史、证明、知识及与现代数学的联系．

这些难题是历史上影响最深远的世界名题，都曾挑战人类数千年或者数百年．无数大师和常人曾如醉如痴地追寻，从最高学苑到私人陋室曾为之殚精竭虑，奇思妙想为其而起，棘丛崎路为其而开，新论异说为其而设，欢乐和悲哀——为其一次次的成功和失败．对它们的探索过程和结果，都深刻地影响着世界数学的发展和今日面貌．

对于这些难题的源头、沿革、解答以及引发的现代数学，本书力求由浅入深，层层递进地介绍．语言力求浅易简洁生动．初中水平即可阅读大部分. 书的前部分很浅显,较难的在后部分,第六章最后一节最难. 第七章却很易读.

本书大部分可供初中以上学生和广大数学爱好者阅读,后面部分可供大学生等阅读参考. 后部分一些内容是极其重要的现代数学相关领域的简洁容易的入门,例如: 群、域、模、伽罗瓦理论、椭圆曲线、代数数、超越数等. 这些对拓展数学知识,进一步学习,或者实际应用,都是非常重要的.

前 3 章是古希腊三大尺规作图问题: 立方倍积、三等分角、化圆为方. 都不难懂.

第 1 章　介绍古希腊三大名题的源头、古代证明史.

第 2 章　确定尺规作图能作出何种数. 指出古希腊难题否定解的关键.

第 3 章　对立方倍积、三等分角问题彻底解决. 正多边形作图初步探讨.

第 4 章　伽罗瓦理论介绍,从而解决正多边形作图问题,并为下章作准备.

第 5 章　根式解方程问题,从源头到最终解决,详加介绍论述.

第 6 章　化圆为方问题彻底解决,论证 π 的超越性. 本章最后一节较难.

第7章　介绍费马大定理及其证明,相关历史和知识. 本章很容易读.

以上这些著名历史难题,最终是由抽象代数学(联同代数数论、代数几何)的方法解决的. 抽象代数学兴起于19世纪初期,标志性事件是伽罗瓦用群的方法解决了方程的根式解难题. 抽象代数学的兴起一扫两千年的迷惑,把数学带入全新的现代化发展阶段. 它的立意是如此有革命性,与传统的思维方式是如此的不同,令当时的许多数学大师面对时都举止失措(详见本书). 这是什么样的思维方式呢? 我们看后来的评论:

数论大家赛尔贝格(A. Selberg,1950年菲尔兹奖、1986年沃尔夫奖得主)指出:"今天的数学主要关心的是结构以及结构之间的关系,而不是数之间的关系. 这种情况最初发生在1800年左右,首次的突破是抽象群概念的引入. 目前它在数学领域中已经无所不在."

几何拓扑大师嘉当(H. Cartan,1980年沃尔夫奖得主)指出:"我们目睹了代数在数学中名副其实的到处渗透",目睹了"目前数学的代数化". "中学的数学教学……理应受到这种发展的影响……应该让青年人接触一些目前已经被公认的基础概念."

按照著名的布尔巴基(N. Bourbaki)的数学结构主义,全部数学是基于三种"母结构":代数结构、顺序结构、拓扑结构. 它们相互组合、分化,构筑起数学的巍巍巨厦. 像代数数论、代数几何、模形式、算术代数几何、代数K理论、群论、环和代数理论、李群、李代数、群与代数表示论、同调代数、代数拓扑、泛函分析、范畴理论、拓扑代数等,都是代数学衍生的蓬勃兴盛的现代数学分支. 即使传统上认为是分析和几何的分支,像微分几何,代数学在其中的影响也很大(嘉当语:把纯粹代数中的定理用来考虑分析问题). 在应用方面,代数学是处理"离散"和"抽象"对象的主要方法,随着信息时代的到来,代数的应用越来越深广. 社会的现代化最终表现为数字化. "当今如此广泛称颂的高技术在本质上是数学技术"——曾任美国总统科学顾问的爱德华·大卫(E. David)说出了众多专家的看法.

因此,本书之意并非只在古典问题,重要的是以其沿革和解决为线索,引导读者入门游览近代数学的伊甸园,带给读者初见的、生动鲜明的印象和兴趣.

还在作者刚刚学习抽象代数的时候，就为其能如此优雅彻底地解决两千年古希腊难题和其它难题，而深深震惊称羡．后来作者长期从事代数数论和算术代数几何中一些领域的研究和教学工作，对高斯猜想被证明，莫代尔猜想被征服，费马大定理被误证—又证—否定—攻克，这样全世界一次又一次的激动时刻，一一感受．历史就在面前走过．所以作者很有兴趣将这些传奇般的进程讲述给年轻人，多次以文章、讲演和网页方式介绍．

2002 年国际数学家大会在北京举行时，北京数学会组织了一系列讲演．本书是在科学出版社的支持和建议下，在讲演稿基础上充实完成的．在讲演和写作中，参考了一些中外文献(见参考文献)和互联网上一些资料，在此表示感谢．本书不当之处恳请指正．

马连荣同志仔细审阅了全书，并编写了名词索引，深表感谢．

关于进一步的代数和数论知识，有兴趣的读者可参看作者所著《高等代数学》和《代数数论导引》(见参考文献)，前一本书内容曾长期作为中国科学技术大学、清华大学的数学系等的教材，后一本书被教育部评为“全国研究生教学

用书”(2001). 作者的主页上也有部分知识介绍,学习和治学方法及人生的探讨:

http://faculty.math.tsinghua.edu.cn/faculty/~xzhang/

我初中时的母校,在青龙山的山坡上,涧绕山环. 前年50周年校庆时,应校长之令写得《青龙颂》一首,意在鼓励母校学子发愤. 现在转献给年轻读者:

青龙潜卧隐壑山,
夕惕若厉日乾乾.
或跃在渊咎何有,
数及九五飞在天.

张贤科

2004年夏于清华园

1 古希腊难题：问题和历史

1.1 古希腊数学

古希腊的数学灿烂而系统，对世界数学的发展影响巨大.

希腊半岛位于地中海北岸偏东，半环着爱琴海. 海上岛屿星罗棋布，孕育出古希腊的航海和商业传统. 希腊正处于东方(两河文明，巴比伦)、古埃及和地中海沿岸及岛屿的往来汇合区域，利于各种文化的吸收交流. 古希腊早期疆域已扩及地中海北岸各地，到约公元前 325 年，古希腊的亚历山大大帝(Alexander the Great)征服了从多瑙河到埃及、黑海，直到印度西部的广大地区.他创建的帝国后来分裂为三个王国，但仍联合在古希腊文化的约束下，史称希腊化国家.埃及的托勒密国王(Ptolemy)在亚历山大城建起空前宏伟的博物馆和图书馆，取代雅典成为科学文化中心，繁荣近千年之久.古希腊数学重视理论和论证，逻辑和演绎，追求“为什么”.与古代东方重视具体实际，追求“怎样算”，有很大不同.

古希腊数学繁荣于公元前、后各约 600 年的千年时段内.除早期之外，分为两个时期：雅典时期(以雅典为学术中心)和亚历山大时期(以埃及的亚历山大城为学术中心).后者又分前期和后期.分期的标志性事件如下：

初史(600 BC) $\xrightarrow{\text{早期}}$ 希波战争(480 BC) $\xrightarrow{\text{雅典时期}}$ 亚历山大帝国(323 BC) $\xrightarrow{\text{亚历山大前期}}$ 罗马吞并(30 BC) $\xrightarrow{\text{亚历山大后期}}$ 阿拉伯攻占(641 AD).

早期(约公元前 600-前 480 年)，始于文明发端，止于希波战争.主要有希腊哲学鼻祖泰勒斯(Thales，约公元前 625～前 547，生于小亚西亚西海岸伊奥尼亚的最大城市米利都)，他创立伊奥尼亚学派(Ionians),开创了命题的证明,演绎方法.稍后有毕达哥拉斯(Pythagoras,约公元前580～前500年),在意大利半岛南部克罗顿组织学园,以“万物皆数”为信条.

雅典时期(公元前480～前323年),始于希波战争(公元前480年希腊对波斯的战争胜利),止于亚历山大的帝国建立(公元前323年亚历山大去世).这时期雅典成为希腊政治文化中心,学术空前繁荣,“智人学派”提出了著名的**古希腊三大难题: 化圆为方、立方倍积、三等分角**.柏拉图(Plato,公元前427～前347年)在雅典创办著名的柏拉图学园,培养了一批数学家.欧多克斯(Eudoxus)是该学园著名的人物,他创立了不可通约量的比例理论.柏拉图的学生亚里士多德(Aristotle,公元前384～前322年)是形式主义的奠基者,他的逻辑思想为后来几何学的形式逻辑体系化打下基础.以芝诺为代表的埃利亚学派提出阿基琉斯追龟、飞箭不动等四个悖论.还有德谟克利特为代表的原子论学派.在此时期,我们现在所指的初等(平面和立体)几何、算术,初等代数已经基本成形.

亚历山大前期(公元前323～前30年),学术中心在埃及的亚历山大城(Alexandria,又译

图 1.1　柏拉图和亚里士多德

(Raphael 绘雅典学派局部)

亚历山大里亚).亚历山大前期又称为希腊化时期,始于亚历山大的帝国建立(公元前 323),止于罗马吞并希腊(公元前 30 年罗马吞并最后一个希腊化国家托勒密王朝,公元前 46 年凯撒大帝攻城烧毁亚历山大图书馆),是希腊数学的黄金时期,在宏伟的亚历山大图书馆,各地学者云集，学术活跃. 代表人物是欧几里得(Euclid，公元前 300 年前后)、阿基米德(Archimedes，公元前 287～前 212)及阿波洛尼乌斯(Appollonius，著有《圆锥曲线论》). 欧几里得写成的 13 卷《几何原本》(Elements)，是用公理法建立演绎体系的最早典范，对后世的数学，以及哲学，都产生了深远影响. 亚历山大图书馆馆长埃拉托色尼(Eratosthenes)也是很有成就的学者.

亚历山大后期(公元前 30 年～公元 641 年)，止于公元 641 年亚历山大城被阿拉伯人占领，是在务实的罗马人统治下，虽然图书馆被重建，但学术已失去前期的光辉. 这时期出色的数学家有海伦(Heron，公元前后)、托勒密(Claudius Ptolemaeus 或 Ptolemy，约公元 85～165 年)、丢番图(Diophantus，公元 250 年左右)和帕波斯(Pappus，公元约 300～350 年). 丢番图的名著《算术》(Arithmetica)，是古希腊的算术(数论)和代数的最高成就. 该书的历史充满传奇，几经辗转，到文艺复兴之后，该书的残本翻译出版，引至费马(Fermat)提出著名的猜想“费马大定理”，极大地推动了现代数学的发展，到 1995 年才被怀尔斯(Wiles)攻克，震惊了世界. 读者应将天文地理数学家托勒密，区别于同姓的埃及国王，二者并无关系(托勒密王族在公元前 304～前 30 年间统治埃及，历经 14 世，终止于同凯撒和安东尼都相爱过的著名的女王克丽奥帕特拉).

公元 415 年，数学圣女希帕蒂娅(Hypatia，370～415 年)遭到基督徒的野蛮杀害，标志着希腊文明的悲凉衰落. 希帕提娅是亚历山大大学校长泰奥恩(Theon)的爱女，有高尚的艺术、文学、科学和哲学修养. 她挚爱数学，以“已嫁真理”的回答拒绝了众多的追求者而处闺未嫁. 她是新柏拉图学派的领袖，因宣扬科学理性而遭到基督教主教亚里尔(Cyril)的仇视. 主教疯狂热诚于自己的信仰，不能容忍所谓“持异端邪说者”，煽动狂热的基督教徒在她回家的路上将她劫持到教堂，扯脱她的头发，毫无人道地用牡蛎壳把她的皮肉一点点地刮下来，再将这位数学处女的剩余肢体投入火中焚烧.

到公元 529 年，东罗马帝国皇帝查士丁尼下令关闭雅典的学校，严禁研究和传播数学. 公元 641 年，阿拉伯人攻占亚历山大城(亚历山大图书馆在公元前 46 年被凯撒大帝首次烧毁，公元 272 年被内战或罗马皇帝奥雷兰的镇压再次烧毁，公元 391 年被基督教主教德奥菲罗斯反

图 1.2　雅典学派(Raphael 绘)

图 1.3　希帕蒂娅

对异教所毁. 意大利的康佛拉(L. Canfora)在《消失的图书馆》中说公元 641 年最终毁于阿拉伯人,现大多数历史学家认为不可信). 灿烂千年的古希腊数学至此终结了.

古希腊的一些数学难题对世界数学发展起到巨大的推动作用. 最著名的是三大数学难题:立方倍积、三等分角、化圆为方. 还有正多边形作图等问题. 这些问题引起古希腊人和以后

2000 多年的无数人的努力，极大地影响和推动了数学的发展. 到 19 世纪，这些难题直接催生出群、域等代数理论，伽罗瓦理论，代数数和超越数理论，引发了崭新的现代数学的诞生. 难题也才因此而最终获得解决.

1.2 古希腊三大难题

古希腊三大数学难题，都是直尺和圆规(简称尺规)作图的问题. 需要说明的是，古希腊的直尺是没有刻度的，也不允许在直尺上作记号. 直尺只能用来作直线，圆规只能作圆. 著名的三大难题如下.

(1) **立方倍积**(The duplication of the cube 或 Doubling the cube)：任意给定一个立方体，要求用直尺圆规构作一个新的立方体，使其体积是原来立方体的二倍.

这问题也可叙述为：任给一线段长 a (即原立方体的边长)，要求用直尺圆规作出线段长 x (即新立方体的边长)，使得 $x^3=2a^3$. 也就是要求出 $x=\sqrt[3]{2}\,a$(图 1.4).

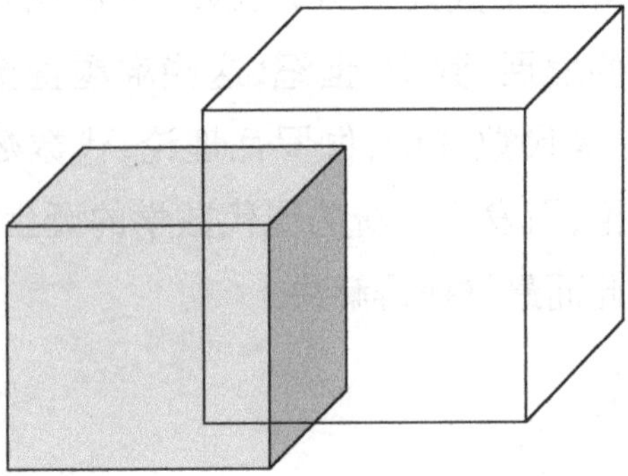

图 1.4　立方倍积

(2) **三等分角**(The trisection of an angle 或Trisecting an angle)：任意给定一个角，要求用直尺圆规将其三等分．

这问题也可叙述为：在平面上任意给定角 φ，要求用直尺圆规作出角 $\theta=\frac{1}{3}\varphi$(见图 1.5)．当然还可以进一步问：哪些角 φ 可以三等分？哪些角不能三等分？

(3) **化圆为方**(The quadrature of the circle 或 Squaring the circle)：任意给定一个圆，要求用直尺圆规构作出一个正方形，使其面积等于给定圆的面积．

这问题也可叙述为：任给线段长 r(圆的半径)，要求用直尺圆规作出线段长 x (正方形边

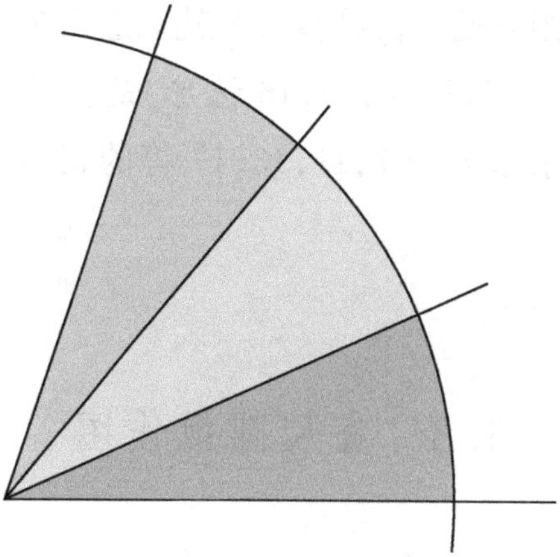

图 1.5　三等分角

长),使得$x^2=\pi r^2$,其中 π 是圆周率(即圆的周长与直径的比值)(见图 1.6).

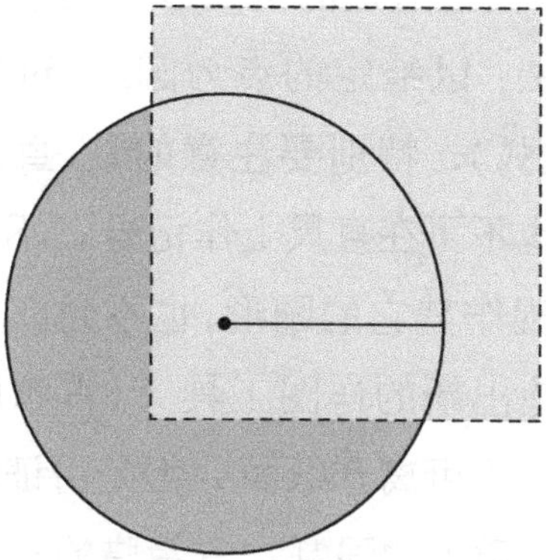

图 1.6　化圆为方

还有其它一些问题也很著名,例如正多边

形的作图问题．古希腊人早就知道正 3,4,5,15 边形(从而 6,8,10,12,16 边形)的作法．因此长期寻求边数为 7,11,13,17 等的正多边形的作法．

1.3 直尺圆规作图

直尺(straightedge)和圆规(compasses) 是古希腊平面几何作图的工具,称为欧几里得工具(Euclidean tools)．古希腊人对它们的使用方法有规定,不是可以随意使用的．直尺的使用方法：过平面上给定的两点作一条直线．圆规的使用方法：以给定的点为圆心,过另一给定点作圆(或弧)．特别要注意的是,直尺是没有刻度的．也不可在直尺上作记号．不允许利用直尺和圆规作其它的图形,也不允许利用直尺和圆规制造出新的作图工具．(古希腊的圆规的任一只脚不可离开纸面．但是可证明这一规定不构成实质上的限制:“古希腊的直尺和古希腊的圆规”,与“古希腊的直尺和现代的圆规”是等价的,即可以作出同样多的图形．这里现代的圆规允许圆规的两脚都离开纸面,即能够以任意给定的点为圆心、以任意给定的线段为半径作圆.)

尺规作图(也称为欧几里得作图)(见图1.7),就是在已经给定的一些初等平面几何图形(即点、直线、圆)的基础上,利用直尺和圆规,在有限步骤之内,作出新的图形.当然,作出的图形必须是理论上严格正确的,即按照欧几里得几何的理论证明是正确的."近似"或"大约"是不允许的.(实际画出的图,只是几何理论的

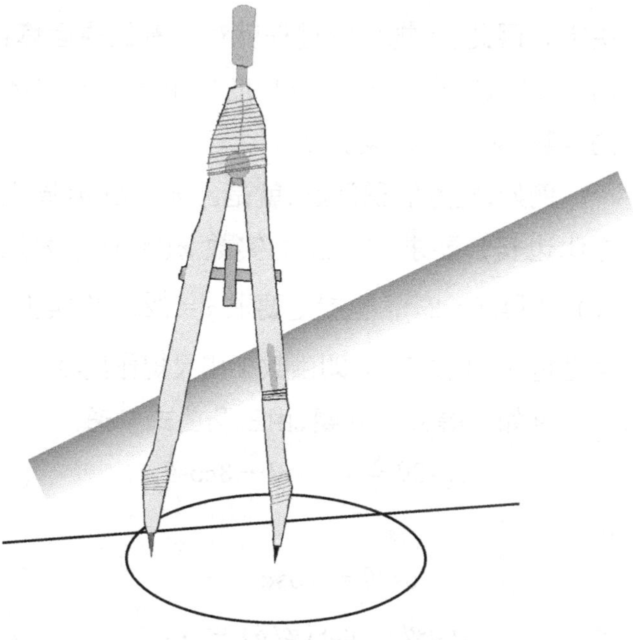

图 1.7　直尺圆规作图

示意图．实际画图时操作上难免有误差，线条有粗细．不能以实际上的画图用直觉判断理论上的正确，而必须在理论上严格证明作图的正确．例如，理论上的点是无大小的，直线是无宽度的).

在平面上引入直角坐标系，即指定原点和两条相互正交的坐标轴，指定单位(即长度 1).那么几何图形点、直线、圆都归结为实数(即线段长)：点由它的坐标(实数)决定，直线由它上面的两点决定，圆由圆心和圆上一点(或半径)决定．因此，尺规作图过程就对应着数的运算：由已知实数(即已知线段长度)，由尺规作出新的实数(即新的线段长度).

例如，立方倍积问题，就是已知实数 a(原立方体边长)，要求作出新的实数 x(新立方体边长)，使得$x^3=2a^3$. 也就是要求 $x=\sqrt[3]{2}a$. 事实上，关键是 $a=1$ 的情形，即由数 1 用尺规作出$\sqrt[3]{2}$.

再如三等分角问题，由三角公式知道

$$\cos 3\theta = 4\cos^3\theta - 3\cos\theta,$$

记

$$\cos 3\theta = \cos\varphi = a,$$
$$\cos\theta = \cos(\varphi/3) = x,$$

上式即为

$$4x^3 - 3x - a = 0.$$

给定角 φ 之后,可以用尺规作出 $\cos\varphi = a$. 如果能作出 $\cos(\varphi/3) = x$,就可三等分角 φ 了. 因此三等分角问题化为:已知实数 a,要求作出 x 满足 $4x^3 - 3x - a = 0$(见图 1.8).

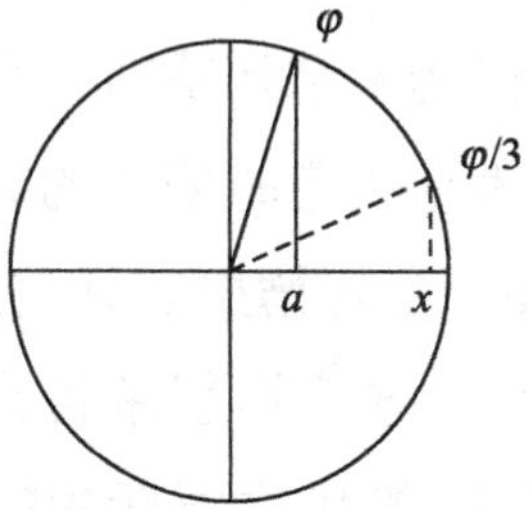

图 1.8 三等分角化为求解 $4x^3 - 3x - a = 0$

化圆为方问题,就是要求由已知实数 r(圆的半径),作出实数 x(正方形边长),使得 $x^2 = \pi r^2$,即 $x = r\sqrt{\pi}$. 关键是 $r = 1$ 的情形,即由数 1 用尺规作出 $\sqrt{\pi}$.

1.4 立方倍积问题的历史

在古希腊,立方倍积问题在三大难题中最为著名. 关于它的历史,大多来自欧托奎斯(Eutocius,约公元 480～540 年,生于巴勒斯坦)的评注性著作,与克里特岛的米诺斯王的传说有关．米诺斯(Minos,也译作迈诺斯),是众神之父宙斯和欧罗巴之子,是克里特岛的英明君主．因雅典人杀害了安德罗格俄斯,米诺斯向雅典人问罪,迫使雅典人每年进贡童男童女七对,供半人半牛的怪物米诺陶罗斯食用．这个怪物住在米诺斯专为它建造的著名的克里特岛迷宫(后来忒修斯靠公主阿德里安娜的线球,走进迷宫,除掉了牛怪)．米诺斯想杀害迷宫的建造者代达罗斯,但聪明的代达罗斯用蜂蜡和羽毛做成翅膀,飞起来了,飞到了西西里．米诺斯赶到,却被西西里岛的国王和女儿设计闷死于蒸汽浴室．米诺斯死后成为地府的三个判官之一,决定阴魂的未来命运,惩罚有罪的灵魂．欧里庇得斯据此写有著名的悲剧．

欧托奎斯在评论阿基米德的文章“论球体和圆柱”时,说到埃拉托色尼 (Eratosthenes of Cyrene,公元前 276～前 194 年,工作于亚历山大)写信给托勒密国王(King Ptolemy)．信中叙述的故事是这样的：古希腊一位悲剧诗人宣称自己传达地府三大判官之一米诺斯的话说,米诺斯发现为他的儿子格劳库斯(Glaucus)----传说他因为跌入蜂蜜罐内,孩童时就死了——建立的立方体的墓边长只有100尺(feet),说:“太小了,你们要建造的墓可是高贵王族的栖息之所啊.墓要加大一倍!”诗人宣称,他传达米诺斯的吩咐,不改变墓的形状,尽快将墓的各边长度加倍.——这当然是不对的,因为每边二倍则表面积增至四倍,体积增至八倍.传说,米诺斯因此大怒,认为遭受到人们的轻辱,于是降瘟疫于大地,给古希腊带来惨绝灾难.这就促使很多数学家去解决这个立方倍积问题.米诺斯王的故事原本是神话传说,但英国考古学家伊文思挖掘发现了克里特岛的古代文明和宫殿遗址,证实了不少传说确是事实(见图1.9).

关于立方倍积问题的来源,还有另一种说

图1.9 立方倍积问题

法．泰奥恩(Theon,约公元 70～135 年)写到：埃拉托色尼在《柏拉图学说》(Platonicus)中曾这样叙述：神(上帝)通过神谕向爱琴海中的得洛斯岛(Delos)上的众人宣告,为了摆脱当时的大瘟疫,他们应当为神建造一个新祭坛,是原来祭坛的二倍．得洛斯人在建造新祭坛的尝试中,陷入巨大的混乱,不知道如何能将一个立方体加倍而又保持形状．他们求教于最伟大的数学家柏拉图．柏拉图回答说,神谕的真义,不在倍积祭坛；神通过这个任务来羞辱希腊人,羞辱他们竟然忽视数学,轻慢几何．这个立方倍积问题,后来被称为得洛斯人问题(Delian problem)．也有人说此神就是太阳神阿波罗(Apollo)．希腊大瘟疫确有其事,是历史大事件,令雅典失去了四分之一人口,发生在公元前 430 年前后．

古希腊的许多数学家研究了立方倍积问题,给出了某些进展．也有人借助别的工具给出某种解答,但仅用直尺圆规却始终无法解答．

最早的进展来自希波克拉底(Hippocrates,约公元前 460～前 370)．他考虑的问题更广泛一些,指出如下两问题是等价的：

(1) 求作新立方体,使其体积与给定立方体的体积之比等于给定线段的比．也就是说，已知线段长 a,b，求作线段长 x，使 $x^3:a^3=b:a$.

(2) 求作已知线段长 a,b 的“双比例中项” x,y，即

$$a:x=x:y=y:b.$$

事实上，由(2)中的等式即知

$$\begin{aligned}a^3:x^3&=(a:x)^3=(a:x)(x:y)(y:b)\\&=a:b\end{aligned}$$

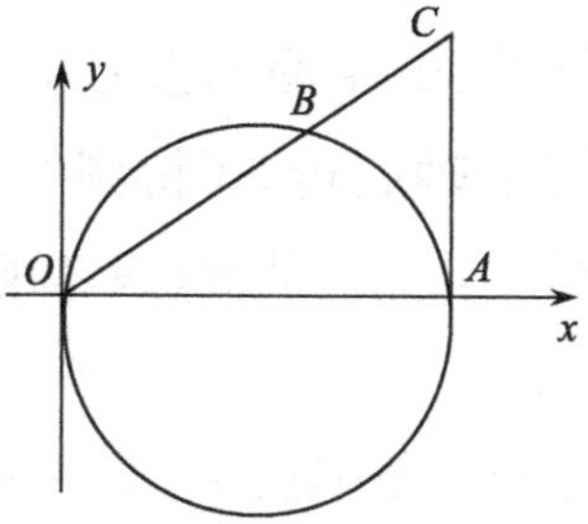

图 1.10　阿奎塔斯对立方倍积的讨论

不久，阿奎塔斯(Archytas，约公元前 428～前 350)给出了一个很具独创性的运用立体几何的解答(当然这不是尺规作图解答)(见图 1.10). 用现在语言叙述是这样：在 xy 平面，以 OA 为直径作圆，其中 $A=(a,0)$. 在圆上取点 B 使 $OB=b$ (希波克拉底的比例中，总可化为 0<

$b<a$. 例如立方倍积问题本来要求 $a^3:x^3=1:2=a:2a$. 可化为$(c^3a)^3:(c^2x)^3=c^3a:2a$(对任意 c)，于是令$a'=c^3a$，$x'=c^2x$，$b'=2a$，则取适当大的 c 即有 $b'<a'$). OB 的延长线交圆在 A 的切线于 C. 现在，我们将此 xy 平面考虑为 3 维 xyz 空间中的平面，z 轴由 O 点垂直于 xy 平面向上. 考虑空间中 3 个曲面：

(1) 以圆 OBA 为底的平行于 z 轴的圆柱面(只考虑 xy 平面上方部分).

(2) 直线 OC 绕 x 轴旋转得到的锥面.

(3) 将位于 xz 平面的以 OA 为直径的圆(即圆 OBA 绕 x 轴旋转 90°得到的圆)，绕 z 轴旋转一周所得(实心环)曲面(只考虑 xy 平面上方部分).

设以上 3 曲面交于点 P，而 P 点在圆 OBA 上的投影为 N(即 NP 平行于 z 轴). 则 $x=OP$，$y=ON$ 即为所求双比例中项，即满足 $a:x=x:y=y:b$. 事实上，用现在的语言可知，以上 3 曲面的方程分别为 $X^2+Y^2=aX$，$X^2+Y^2+Z^2=a^2X^2/b^2$，$X^2+Y^2+Z^2=a\sqrt{X^2+y^2}$，解它们的交点即可得到上述结论.

欧多克斯(Eudoxus，约公元前 370 年)也给出立方倍积问题一个(非尺规作图的)解答，但已遗失.

门奈克木斯(Menaechmus,约公元前380～前320)给出了两个解答. 研究双比例中项问题的方法是引入圆锥曲线,即(用现在的符号)$xy=ab, y^2=bx, x^2=ay$.

还有一种借助于机械的解法,被称作柏拉图机器. 但一般认为并非柏拉图发明的,因为柏拉图曾责备欧多克斯等门徒,对他们借助于机械表示不满,认为这样的方法是非理性的,其结果是一无可取地失去最好的几何学,退化到直觉的水平,阻碍人们的创造性,阻止人们认识永恒的精神的世界.

我们前面提到的埃拉托色尼(Eratosthenes of Cyrene),不仅传达了立方倍积问题的历史,他自己对此问题也有研究(下面详述). 他为亚历山大树立了献给托勒密国王的石柱,上面刻写着短诗,夸耀他对立方倍积问题的机械解法:

“如果,好朋友,你想立方倍积,而不改变立方体的形状.

那你现在真是能够如愿以偿.

这样,你就可以加倍一个羊栏、地窖,或者深井的容量.

你只需要在两个直尺之间,捕获顶端共线

的两个中项.

你不要去为阿奎塔斯的什么圆柱面的活计困惑烦忙,

不要去为门奈克木斯的什么三个圆锥面的截线劳伤,

也不要跟着欧多克斯去画那些神鬼生畏的曲线形状.

我的方法简单漂亮,你只需滑动这三角形小片数张,

由小到大,你很容易就能找到千千万万个比例中项.

愉快优雅地,你,托勒密!你这青春活力永驻的慈父,

你做的一切,缪斯众女神和那历代列王都要惊讶羡慕.

也许,在将来,啊,宙斯,这上天之主,

也将从你的手中接过这一独特的王杖圣物.

到那时啊,让所有见到这一贡献的人都欢呼:

这正是库热那的埃拉托色尼的天才赠赋!”

埃拉托色尼的机械,如图1.11中第一幅图

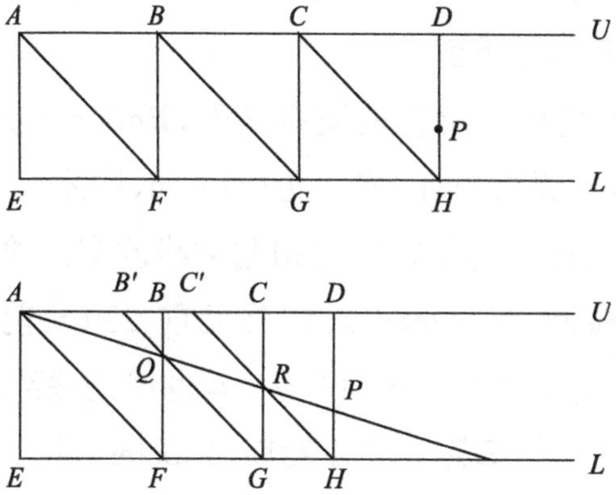

图 1.11　埃拉托色尼的立方倍积机械方法

所示,两条平行线 AU 和 EL 之间有 3 个等腰直角三角形(底在 AU 上),右面 2 个三角形可以在平行线上滑动. 在$\triangle CDH$ 上取一点 P,记 $AE=a, PH=b$,目的是要求它们的双比例中项. 过 AP 引一条直线,设 AP 交 BF 和 CG 于 Q 和 R. 将$\triangle BCG$ 和$\triangle CDH$ 适当向左滑动,使得 Q 和 R 分别在相邻三角形的斜边上,此时机械的新位置如图 1.11 中第二幅图所示. 此时记 $QF=x, RG=y$,则 $a:x=x:y=y:b$. 事实上,由$\triangle AQF$ 相似于$\triangle QRG$,二者的高与底边之比应相等,得 $EF:QF=FG:RG$,即是 $a:x=x:y$. 类似可得 $x:y=y:b$. 埃拉托色尼所说的千千万万个比例中项, 只需在此二平行线上加千千万万个滑动的三角形，按上述同样道理即可得到．

其它给出解答的还有费龙(Philon，约公元前 280～前 220 年)和海伦(Heron，约公元 10～75 年)，他们的解答由圆和抛物线的交点给出．尼考梅德(Nicomedes，约公元前 280～前 210 年)给出了利用蚌线的方法，他也用此法给出了三等分角的解答．丢克勒斯(Diocles，约公元前 240～前 180 年)发明了蔓叶线解答立方倍积问题.

虽然上述这些不同的解答立方倍积问题的方法有它们自身的意义，也推动了数学的发展，但是古希腊人始终无法找到他们真正想得到的解答，那就是只用直尺圆规作图的解答．这个解答之所以找不到，是因为它根本不可能．当然他们也无法证明这一点，因为这需要数学的多项发展，远远超出古希腊数学的水平.

立方倍积问题的真正解决一直等到 19 世纪．在 1837 年由法国数学家皮挨尔·万采尔(Pierre L. Wantzel，1814～1848 年)给出否定的答案．在刘维尔 1836 年创办的著名的“纯粹与应用数学期刊”(Journal de Mathématiques Pures et Appliquées)上，万采尔 1837 年发表论文,论证“几何问题是否可用直尺圆规解决的判断方法”. 此文证明了,用直尺圆规作图不可能立方倍积和三等分任意角.

1.5 三等分角问题的历史

关于三等分角问题的由来,有各种猜测.可能是因为古希腊人看到用直尺圆规二等分角很容易,因而想到三等分角(见图 1.12). 也可能是因为看到三等分线段很容易. 也可能是希望作

图 1.12 三等分角问题(古希腊巴特农神殿)

正九边形,因此需要三等分 60°角.

希波克拉底有一个(借助机械的)三等分角的方法.给定任意$\angle AOB$,作 AC 垂直于OB,作矩形 $ACOD$. 在 DA 延长线上取点 E 使得 $FE=2AO$,其中 F 是 OE 与 AC 的交点(注意:这一步骤需要在直尺上作记号才能做到(见图 1.13). 实际上用了机械方法,不是严格意义下的直尺圆规作图). 这样就得到$\angle EOB$,等于$\angle AOB$ 的三分之一.

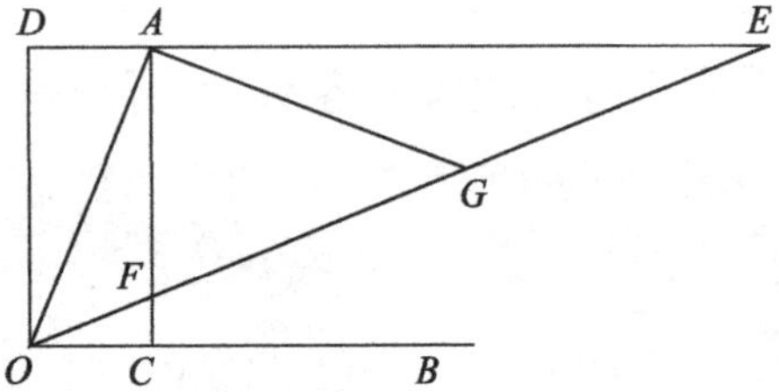

图 1.13 希波克拉底的"三等分角"机械方法

现在证明希波克拉底的方法. 取 FE 的中点 G ,则 $AO=FG=GE=AG$,最后的等号是因为$\triangle AFE$ 是直角三角形. 于是,$\angle AOG=\angle AGO=\angle EAG+\angle AEG$,为$\angle EOB$ 的二倍.

阿基米德也有一个三等分角的方法(见图 1.14). 给定任意$\angle AOB$,以 O 为圆心任意作一圆,设 A 和 B 在圆上. 在 BO 的延长线上取点

E 使得 FE 等于圆的半径，其中 F 为 AE 与圆的交点(注意：这一步骤需要在直尺上作记号才能做到：在直尺上标记出两点，距离为圆的半径，保持一点在圆上一点在 BO 延长线上，滑动直尺，直到经过 A 点．所以这不是严格意义下的直尺圆规作图)．作 OG 平行于 AE，则角 GOB 为 $\angle AOB$ 的三分之一．事实上，$\angle AOG = \angle OAF = \angle OFA = 2\times\angle FEO$.

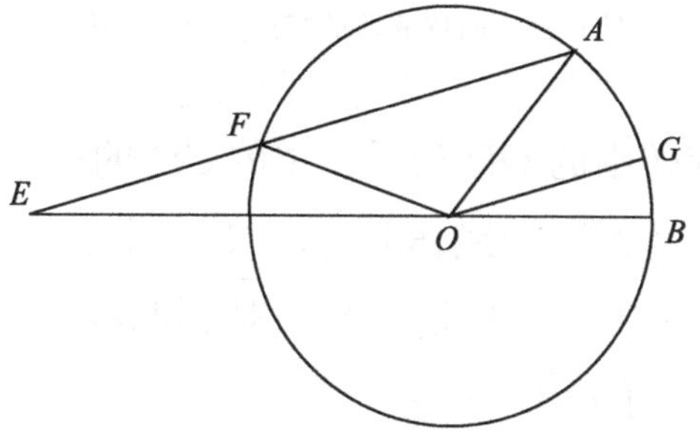

图 1.14　阿基米德的"三等分角"方法

尼考梅德给出了用蚌线三等分角的方法，本质上与上述两方法是相通的．

阿波罗纽斯(Apollonius，约公元前 262～前 190 年)利用双曲线三等分角．

西皮亚斯利用割圆曲线三等分角(见图 1.15)．作边长为 1 的正方形 $OBCD$，并以 O 为圆心过 B 作圆．将线段 OD 匀速旋转到 OB 位置，在同一时段内同时将DC匀速平移到OB位置.

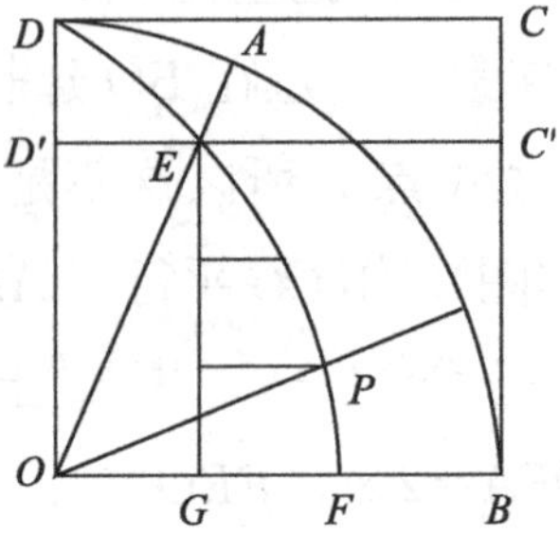

图 1.15 西皮亚斯的“三等分角”方法

旋转中的OD与平移中的CD的交点E的轨迹称为割圆曲线，即曲线DEF. 设$\angle AOB$为任意给定的角，E是OA与割圆曲线的交点. EG垂直于OB. 于是

角AOB∶$\angle DOB$=弧AB∶弧DB=EG∶DO.

这说明，以O为顶点的角度的大小，与它们在割圆曲线上的截点的高成正比. 所以，欲等分角度，只需等分高线. 具体而言，只需三等分高EG，过分点作平行线就得在割圆曲线上的交点P，则交点P与O的连线就三等分$\angle AOB$了.

阿基米德螺线与割圆曲线很类似. 让一射线绕其端点O匀角速运动，同时射线上的动点

P 沿射线匀速运动(由O开始),则动点 P 的轨迹就是阿基米德螺线. 因P点的半径ρ (即 OP 的长)与其幅角θ (即 OP 与射线开始位置的夹角)成正比,螺线的方程为 $\rho=a\theta$,a 为常数. 所以只需将半径三等分,相应分点的幅角就恰好是等分的.

三等分角问题的真正解决最终由法国的万采尔在 1837 年与立方倍积问题同时完成. 他证明了用直尺和圆规作图这两者都是不可能的(见图 1.16).

图 1.16　三等分角问题(古希腊露天剧场)

1.6 化圆为方问题的历史

化圆为方问题的本质,是对圆周率 π 的认识. 人类在很古的时候就已经接触到圆,测量圆的周长,就对圆周率有一定认识.

图 1.17 圆和方(现希腊国徽)

苏格兰学者林德(Henry Rhind)买到一卷6米长,1/3米宽的古埃及草纸,是公元前1850年的数学著作(可能源于公元前3400多年的数学). 那上面近似地化圆为边长是8/9直径的正方形,相当于圆周率 $\pi \approx 3.1605$. 古埃及和美索布达米亚曾用 25/8 和 $\sqrt{10} \approx 3.162$ 作 π 的近似值. 阿基米德知道 223/71<π<22/7.

理论探讨方面,最早的是安那克飒哥拉斯(Anaxagoras of Clazomenae,公元前 500～前 428 年). 他因为断言太阳是巨大的红热岩石构成,月亮是借助太阳的光,而入狱终生. 在狱中,他研究用直尺圆规作化圆为方问题. 72 岁时被处死. 他相信"理性统治世界(Reason rules the world)",力主大胆的理性的探究,是"求知欲望(The desire to know)"这一古希腊精神特征的代表者. 他写的《论自然》是第一本广泛发行的科学书籍. 公元初,普陆塔克(Plutarch)写到:

"世界上没有任何力量,可以剥夺一个人的快乐,他的美德和智慧.

试看安那克飒哥拉斯,在研究化圆为方,确确实实,就在身囚狱内!"

可能是受安那克飒哥拉斯的激发,阿里斯托朋内斯(Aristopenes)在约公元前 414 年写出话剧《鸟》,并很快公演,其中有一大段有趣的对话是关于化圆为方的. 很快,化圆为方问题就变得几乎无人不知. 而且流行一个新词"圆方",意思是不可能的事.

这一时期,研究此问题的有昂诺彼得斯

(Oenopides)、安提风(Antiphon)、布瑞孙(Bryson)、希波克拉底(Hippocrates)和西皮亚斯(Hippias). 昂诺彼得斯可能是第一个提出直尺圆规使用方法限制的人,这后来成了古希腊的规则. 安提风讨论圆内接4,8,16等多边形. 布瑞孙进而讨论圆外切多边形. 希波克拉底成功地将一些弓形(半月形,两圆弧之间区域),以及弓形和圆之和,化为方形. 西皮亚斯利用割圆曲线化圆为方. 后来尼考梅德也这样作过.

阿基米德利用螺线化圆为方. 阿基米德螺线如上节所述,方程为 $\rho=a\theta$. 当动点 P 从 O 出发沿螺线正好运动到一周时,过 P 作螺线的切线,交 OP 的垂线于 Q. 阿基米德证明了 $OQ=2\pi(OP)$,并证明半径为 OP 的圆的面积恰好等于 $\triangle OPQ$ 的面积.(读者试证之.)另一方法是这样:当阿基米德螺线上动点 P 的幅角为 $\pi/2$ 时,则 $OP=a\pi/2$,以 a 为半径的圆 O 的面积为 $\pi a^2=(2a)(OP)=x^2$, x 为 $2a$ 和 OP 的比例中项,以 x 为边长的正方形的面积就等于圆 O 的面积.

阿波罗纽斯(Apollonius)和卡普斯(Carpus)分别用"蜗线之妹"和"双运动曲线"解答化圆为方问题,这两种曲线究竟是何种曲线,至今

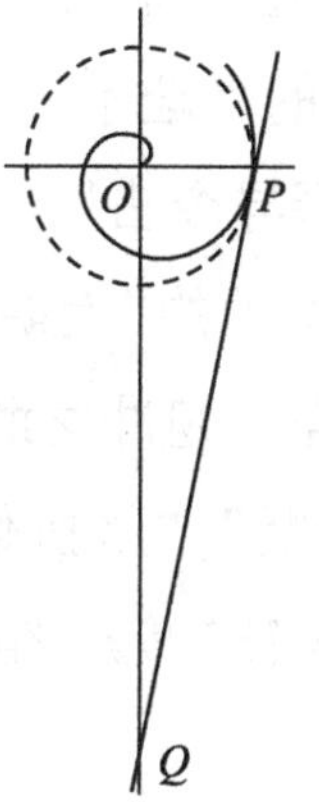

图 1.18 阿基米德的“化圆为方”

猜测不已．

在中国，很早就对圆及其周长和面积有研究．本质上就是圆周率 π 性质和大小的研究，也就是化圆为方问题．在中国，汉代刘歆得到 $\pi\approx3.1547$. 最著名的是魏晋时刘徽的割圆术，即从内接 6 边形开始，用圆的内接正多边形逼近圆周．他指出“割之弥细，所失弥小．割之又割，以至于不可割，则与圆合体而无所失矣．”这种可贵的思想是现代数学极限概念的萌芽，实际上是用无限序列(相当于无限小数)来确定圆周率．刘徽计算到 192 边形，得出圆周率 $\pi\approx157/50=3.14$(世称徽率).

南朝时期的祖冲之(公元 429～500 年)出

生于历法世家,作过南徐州(今镇江)的从事史和公府参军,但他的兴趣不在官位权势,他执著地"专攻数术","探异今古","革新变旧".他精心创制了当时最先进的"大明历",遭到权臣戴法的恶意打压阻挠.祖冲之敢于在皇帝面前直斥此权臣"浮辞虚贬","坚执偏论",并写成《驳议》一文,后来收入《宋书》.祖冲之发展了刘徽的割圆术,得到

$$3.1415926 < \pi < 3.145927$$

和

$$\pi \approx \frac{22}{7}, \frac{355}{113}.$$

后两者分别称为约率、密率(也称为祖率).用现代数学中的连分数可以证明,祖率是分子分母小于1000的π的最佳逼近分数.祖冲之的儿子祖暅继承父业继续研究.得到求体积的(祖氏)原理"幂势既同,则积不容异",幂是指水平截面积,势是指高.在西方,此原理在1635年由卡瓦列利(B. Cavalieri)重新发现,对微积分的创立有重要影响.

欧洲的中世纪是很落后的.1050年,法兰克(Franco of Liège)对化圆为方有论述,他批评了先前的$\pi \approx 25/8, 49/16$和4.给出自己的$\pi \approx$

22/7.

达芬奇(Leonardo da Vinci)设计了好几种机械试图解答化圆为方问题．在16和17世纪许多数学家研究此问题,有的人给出了可以化圆为方的证明,当然都是错的．有的错误证明还用到早期的微积分,无限序列和收敛的概念．

1761年法国的兰贝特(Johann H. Lambert,1728～1777年)证明了π是无理数．这当然还不足以论证化圆为方的尺规作图的不可能性．但是这确是一个大的进步,在当时影响不小,引发了大量形形色色人士研究化圆为方的热潮．巴黎科学院不堪重负,在1775年不得不宣布不再受理审查化圆为方的证明．不久,伦敦的皇家学会也宣布不再受理此类证明．但是,众多业余人士热衷于化圆为方的狂潮丝毫不减．德摩根(Augustus De Morgan)称之为"圆方流行病"．有一个人出版了好几本书,"证明"π=25/8,并由此得以化圆为方．哈密顿,德摩根和其它数学家都无法说服他．

法国数学家勒让德(Legendre,1752～1833年)曾猜测"π不是有理系数方程的根"．后来,人们把有理系数(多项式)方程的(复)根称为**代数数**,不是代数数的(复)数叫做**超越数**．勒让

图 1.19 化圆为方问题（希腊奥运会奖牌图案）

德的猜测相当于说 π 是一个超越数 .1873 年，法国数学家埃尔米特(Hermite，1822～1901 年)证明了自然对数底数 e＝2.71828…是超越数. 他认为证明 π 的超越性更难.

化圆为方问题的最终解决直到 1880 年，德国数学家林德曼(Carl Louis Ferdinand von Lindemann，1852～1839 年)证明了 π 是**超越数**，由此即可知用直尺圆规作图化圆为方的不可能性.

有趣的是，林德曼的证明给出以后，化圆为方的热潮滚滚依然. 其中纽约论坛报在 1892

年发表文章重新“发现”据说是古希腊尼考梅德的结果：$\pi=3.2$，而且引来大批人相信．印度的数学明星拉曼纽扬(Ramanujan，1887～1920年)也在1913年和1914年发表过两个化圆为方尺规作图的近似解答，分别相当于π精确到第7位($\pi\approx 355/113$)和第9位．直到1991年，笛克孙(Dixon)还给出一个近似解，是基于$\sqrt{40/3-2\sqrt{3}}=3.141533\cdots$.

2 尺规作图可构作的数

古希腊难题是直尺圆规作图问题,但最终要化为数和符号的运算问题,用代数的方法得到最终解决. 所以我们先来讨论数以及尺规作图和数的关系,考察哪些数是可以用尺规作图作出的数(可构作数).

2.1 数的进化

古希腊三大数学难题,挑战人类 2000 多年. 直到 19 世纪一些新理论诞生,才得到解决. 我们现在就尽量简洁初等地介绍相关理论,作为下节解决三大难题的基础.

自然数 1,2,3,…是人类最先认识的数. 用N 表示自然数全体(源于 Natural 的第一个字母). 自然数之间有加法和乘法运算. 但是它们的逆运算(减法和除法)在自然数之间并不总是可进行的．为了让减法总能进行，后来发展出0和负自然数——这其实就是承认 $2-3$，$4-5$等是数．

自然数连同0和负自然数 $-1,-2,-3,\cdots$ 合称为**整数**．整数全体记为$\mathbb{Z}$(源于德文 Zahl)．整数之间可进行加法及其逆运算(即减法)，可进行乘法．还可进行**带余除法**：对任两个整数 a,b，若 $b\neq 0$，则必存在整数 q 使得

$$a=bq+r,\quad (0\leqslant r<|b|),$$

q 和 r 称为商和余数．若 $r=0$，即 $a=bq$，则称 b **整除** a，记为 $b|a$，此时称 b 是 a 的**因子**，a 是 b 的倍数．若整数 $p\neq\pm 1$ 且其因子只有 ± 1 和 $\pm p$，则称 p 为**素数**．例如2，3，5都是素数．若两个整数 m 和 n 的公因子(即公共因子)只有 ± 1，则称 m 和 n **互素**．

乘法的逆运算(除法)在整数中并不是总可进行的．为了除法总能够进行，人类发展出分数，其实就是承认 $2\div 3$(也写为 $2/3$)等是数．

整数和分数合称为**有理数**．有理数全体记为$\mathbb{Q}$(源于 Quotient)．有理数之间可以进行加法、乘法以及它们的逆运算(即减法和除法．但0不作除数)．

人类在很长时期内满足于有理数．古希腊的毕达哥拉斯学派，就认为“万物皆是数”，就是有理数．他们认为所有线段的长度都可用有理数表示．但是，后来这个学派中的希帕苏斯(Hippasus，公元前470年前后)发现：边长为1的正方形的对角线长不可能是有理数．根据勾股定理，对角线长 d 满足 $d^2=1^2+1^2=2$，也就是说 $d=\sqrt{2}$不是有理数(后来称为无理数)．

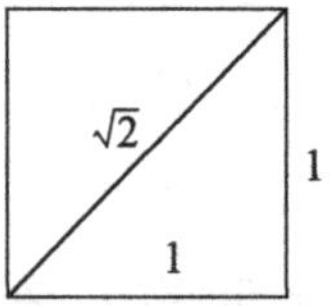

图 2.1　无理数的发现

用反证法容易证明“$\sqrt{2}$不是有理数”：假设$\sqrt{2}$是有理数，则可写为既约分数

$$\sqrt{2}=\frac{b}{a}$$

其中 a,b 为整数，而且互素(即没有公因子)．这就是说

$$\sqrt{2}a=b,$$
$$2a^2=b^2.$$

可知 b^2 是偶数，所以 b 是偶数，可写为 $b=2b_1$，

其中b_1是整数．代入上式得到

$$2a^2 = 4b_1^2,$$

$$a^2 = 2b_1^2.$$

这又说明a是偶数．这就与a,b互素的假设矛盾．这就证明了$\sqrt{2}$不是有理数．

非有理数$\sqrt{2}$的发现，引起毕达哥拉斯学派的震惊和混乱，据说发现者希帕苏斯被抛入海洋处死．而根据另外的传说，非有理数$\sqrt{2}$是毕达哥拉斯或这个学派的其它人发现的，但这个发现被要求严格保密．希帕苏斯因为向外界泄露了这个秘密而被抛到海里淹死．也有传说，希帕苏斯被赶出学派，并且为他立起一个坟墓，表示此人已死．真理的发现，确实伴有风险，甚至要以牺牲为代价．

毕达哥拉斯学派本来相信所有线段的长度都是有理数，因此“任意两个线段必可公度”．就是说，对任意两个线段长a,b，必然存在一个线段长u(可能很短)，使得a和b都是u的倍数(事实上，设d是a和b的公分母，取$u=1/d$就可以)．这是当时几何学中比例理论的基础，而当时的数学主要是以几何学的形式出现．非有理数$\sqrt{2}$的发现使得有些线段不可公度(例如$\sqrt{2}$

和 1 就不可能公度). 这就动摇了原来几何学的基础,引起了所谓“第一次数学危机”. 直到 1 世纪后,才由欧多克斯(Eudoxus,约公元前 370 年)引入新的比例理论,危机才得到解决. 欧几里得的《几何原本》中第 5 卷专门研究此理论,代表了此书的最高成就. 人们后来又发现了 $\sqrt{3}, \cdots, \sqrt{17}$ 等都不是有理数. 它们被称为**无理数**. 无理数就是可表为无限不循环小数的数.

有理数和无理数合称为**实数**. 实数全体记为$\mathbb{R}$(源于 Real). 实数之间可加减乘除(0 不作除数). 而且任一个线段的长度可以用实数表示.

16 世纪,人类又发现了**虚数**(imaginary number),这是由意大利数学家为了解方程的需要而引入的. 塔尔塔利亚(N. Tartaglia,约公元 1499～1557 年) 最早发现了较完整的解三次方程的方法,有些情况要用虚数(即负数开平方)参加运算,他将解法告诉了卡尔丹(G. Cardano,公元 1501～1576 年). 后者将这种解法写入自己的著作《伟大的艺术》(Ars Magna),在 1545 年出版. 到 1572 年,邦贝利(R. Bombelli,公元 1526～1572 年)出版了《代数学》,已经对虚数的运算性质有详细的认识.

记 $i=\sqrt{-1}$（它是满足 $i^2=-1$ 的一个符号. 意义下面再仔细解释)，则 $a+bi$ 称为**复数**(其中 a,b 为实数)，当 $b\neq0$ 时称为**虚数**，当 $b=0$ 时即为实数．复数全体记为$\mathbb{C}$，复数之间可以加减乘除(0 不作分母).

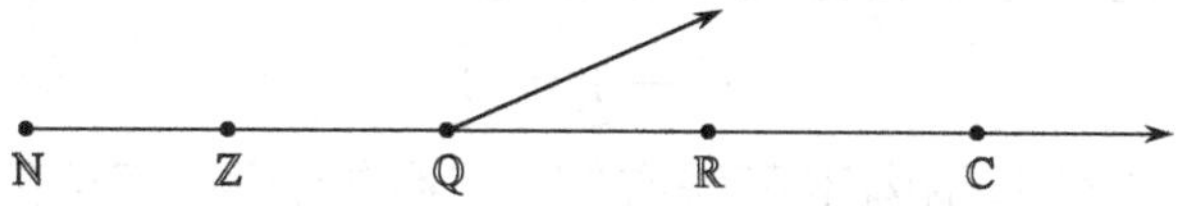

图 2.2　数的进化

复数之后，数还有进一步发展(例如四元数)．而且数的进化发展也不止上述一个分枝方向．例如从有理数还发展出 p-adic 数(p 为任意素数)，这是无穷多分枝．而在整数为源的上述这条路线之外，还有“有限域”的路线．例如，当前信息通信和计算机科学技术的基础，就是“二元域”．更进一步，人类从上述发展历程中看出了规律，从而创新出许多“代数系统”，例如群、环、域、模等，完全进入了数学的新天地．这些都留待以后再讨论．

2.2 复　　数

用现在的语言,虚数可引入如下．因为实数的平方是正数或0,所以方程

$$x^2+1=0$$

在实数范围内不可能有解 x. 换句话说,不可能有实数 x 满足 $x^2=-1$. 但是,历史并没有(也不应当)到此就止步．人们取一个符号 i (用其它的符号也可以．不认为符号本身具有任何意义),令它有性质 $\mathrm{i}^2=-1$, 也就是 $\mathrm{i}^2+1=0$,而且不再有其它性质．然后考虑

$$a+b\mathrm{i}\qquad(a,b\text{ 为实数}).$$

这样的表达式,把它称为**复数**(complex number). 复数全体记为$\mathbb{C}$. 对任意两个复数 $a+b\mathrm{i}$ 和 $c+d\mathrm{i}$,规定只有 $a=c$ 且 $b=d$ 时,这两个复数才相等．复数之间的加减乘除运算很自然地加以规定,即运算规律和实数是一样的,只是要记住 $\mathrm{i}^2=-1$ 就可以了．也就是说,规定$\mathbb{C}$ 中的加法和乘法为

$$(a+b\mathrm{i})+(c+d\mathrm{i})=(a+c)+(b+d)\mathrm{i},$$

$$(a+b\mathrm{i})(c+d\mathrm{i})=ac+ad\mathrm{i}+bc\mathrm{i}+bd\mathrm{i}^2$$

$$= (ac - bd) + (ad + bc)\mathrm{i}$$

(这里 a,b,c,d 为任意实数). 由上述加法的规定易知$(c+d\mathrm{i})+(-c-d\mathrm{i})=0$,也就是说 $c+d\mathrm{i}$ 的负数就是$-(c+d\mathrm{i})=-c-d\mathrm{i}$. 所以$\mathbb{C}$ 中的减法运算应为

$$(a + b\mathrm{i}) - (c + d\mathrm{i}) = (a + b\mathrm{i}) + (-c - d\mathrm{i})$$
$$= (a - c) + (b - d)\mathrm{i}.$$

同样,由乘法运算的规定可知$(c+d\mathrm{i})(c-d\mathrm{i})=c^2+d^2$,故 $c+d\mathrm{i}$ 的倒数就是

$$\frac{1}{c+d\mathrm{i}} = \frac{c-d\mathrm{i}}{c^2+d^2} = \frac{c}{c^2+d^2} + \frac{-d}{c^2+d^2}\mathrm{i}.$$

因此$\mathbb{C}$ 中的除法运算应为

$$\frac{a+b\mathrm{i}}{a+d\mathrm{i}} = (a+b\mathrm{i})\left(\frac{1}{c+d\mathrm{i}}\right)$$
$$= \frac{ac+bd}{c^2+d^2} + \frac{bc-ad}{c^2+d^2}\mathrm{i}.$$

对复数 $a+b\mathrm{i}$,a 称为其实数部分,$b\mathrm{i}$ 称为其虚数部分. 复数集合$\mathbb{C}$ 由两种数组成:(1) 当 $b\neq0$ 时复数 $a+b\mathrm{i}$ 也称为**虚数**(imaginary number). 而实数部分为 0 的虚数 $0+b\mathrm{i}=b\mathrm{i}$ 称为纯虚数. (2)当 $b=0$ 时的复数 $b+0\mathrm{i}=a$ 就是实数. 上述讨论中的字母 i 称为虚数单位,也记为 $\mathrm{i}=\sqrt{-1}$. 由此可知$\sqrt{-a}=\sqrt{-1}\sqrt{a}=\mathrm{i}\sqrt{a}$. 当然,

也可以选用别的字母或符号表示虚数单位,道理是一样的．选用何种符号是不重要的,重要的是这个符号代表 $x^2+1=0$ 的一个根,即平方为-1. 相关的理论称为域和域扩张的理论,以后将仔细严格解释.

复数不但像实数那样可以进行加减乘除运算(0 不作除数),而且在解多项式方程方面,有实数所不具有的性质: $x^2+1=0$ 有二个复数根(即解): i 和$-$i. 事实上,可以证明以下很重要的定理:

代数学基本定理　任意方程 $x^n+a_1x^{n-1}+\cdots+a_{n-1}x+a_n=0$ 一定有复数解(这里 $a_1,\cdots,a_n$ 为任意复数,整数 $n\geqslant 1$).

复数的表示方法有许多种．其中几何表示很直观. 在平面上取定(右手正交)坐标系后,复数 $z=a+b\mathrm{i}$ 与平面上的点 $P=(a,b)$是一一对应的．通常将复数 z 与点 P 等同,或者与有向线段$\overrightarrow{OP}$等同．此时 x 轴(即坐标为$(x,0)$的点全体)称为实(数)轴,y 轴(即坐标为$(0,y)$的点全体)称为虚(数)轴,此平面称为复平面. 复数 $z=a+b\mathrm{i}$ 可以写为

$$z=a+b\mathrm{i}=\rho(\cos\theta+\mathrm{i}\sin\theta)=\rho\mathrm{e}^{\mathrm{i}\theta},$$

其中 $\rho=\sqrt{a^2+b^2}$ 称为 z 的模或长度(即线段 OP 的长度), θ 称为 z 的幅角(即 $\overrightarrow{OP}$ 与实轴的夹角, $-180°<\theta\leqslant 180°$).

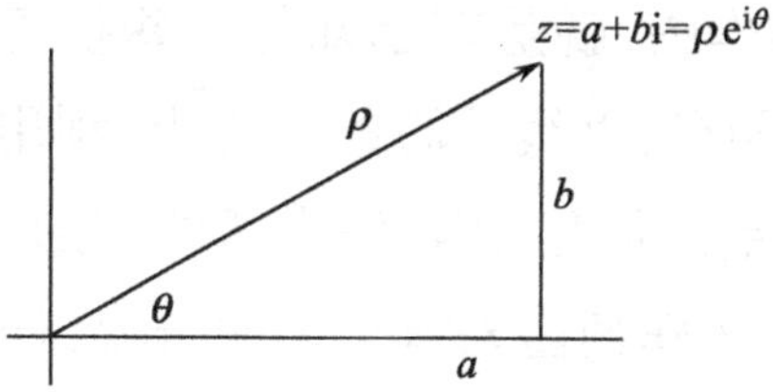

图 2.3　复数的几何表示

设复数 $z_1=\rho_1 e^{i\theta_1}=\overrightarrow{OP}$, $z_2=\rho_2 e^{i\theta_2}=\overrightarrow{OP}_2$. 和 z_1+z_2 就是以 $\overrightarrow{OP}_1$ 和 $\overrightarrow{OP}_2$ 为邻边的平行四边形的对角线 $\overrightarrow{OQ}$. 积 $z_1z_2=\rho_1\rho_2 e^{i(\theta_1+\theta_2)}$ 就是将 $\overrightarrow{OP}_1$ 的长度增长 ρ_2 倍,再旋转角度 θ_2. 而对实数 k 有

$$z^k=(\rho e^{i\theta})^k=\rho^k e^{ik\theta}=\rho^k(\cos k\theta+i\sin k\theta).$$

复数 $\bar{z}=a-bi=\rho e^{-i\theta}$ 称为 $z=a+bi=\rho e^{i\theta}$ 的共轭,二者相对于实轴对称. 复数集合的这种对称性十分重要. 也是伽罗瓦理论的起点.

2.3 尺规只能加减乘除开平方

尺规作图,就是在已知的一些初等平面几何图形(即点、直线、圆)的基础上,利用直尺和圆规,在有限步骤之内,作出新的图形．那么,能作出什么样的图形来呢?或者说,什么样的图形是可以作出的呢?

在平面上引入直角坐标系,即指定原点和坐标轴,指定单位长度(即长度1). 那么几何图形点、直线、圆都归结为实数(即线段长):点由它的坐标决定,直线由其上两点决定,圆由圆心半径决定(或由圆心和圆上一点决定). 故作图问题就化为:已知一些实数,在此基础上用尺规作图得到所求的实数．注意实数1(即单位长度)总是已经知道的．

例如,立方倍积问题,就是已知实数 a (原立方体的边长),要求用尺规作出实数 $x=\sqrt[3]{2}a$,即新立方体的边长．(另一种处理办法是:当我们在取坐标系的时候,将给定立方体的边长 a 指定为单位长1. 这样,已知实数就只有1了)

定理 2.1 设已知实数(即线段长)1, $a_1,\cdots,a_s$. 那么基于这些实数,用直尺和圆规能作出实数(线段长)x 的充分必要条件是: x 可以由 $1,a_1,\cdots,a_s$ 经过有限多次的加减乘除和开平方运算得到.

也就是说,如果由 $1,a_1,\cdots,a_s$ 经过"有限步的加减乘除和开平方运算"能得到 x,那么 x 就能由尺规作出; 否则,x 就不可能由尺规作出. (注意,在开平方的运算过程中允许复数出现). 例如下面的 x 能由 $1,a_1,a_2$ 用尺规作出:

$$x=\frac{a_1^4a_2-2\sqrt{a_1^3+5\sqrt{a_1a_2-8}}}{1-a_1\sqrt{1+2a_1}}$$

证明 要点: 尺规只能由已知线段作出直线、圆和它们的交点. 反映到数上,就是能够由已知数作出一次方程(直线的方程)、二次方程(圆的方程),并能求解它们构成的方程组. 由此即可得出,解必可由方程的系数经过加减乘除和开平方得到. 详述如下.

(1) 若已知 $1,a_1,a_2$,尺规作图可以作出 $a_1\pm a_2,a_1a_2,\frac{a_1}{a_2}$,即和差积商.

作法如图 2.4 所示: 任取一角 AOC(例如直角). 取 $OA=1,OB=a_1,OC=a_2$,作 BD 平

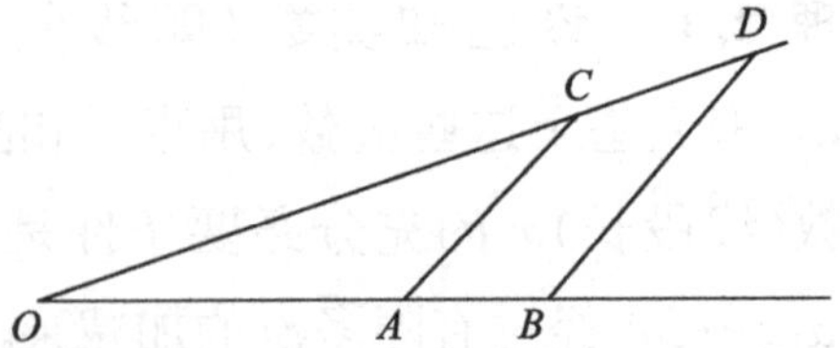

图 2.4　和差积商的作图

行于AC交OC于D,令$OD=x$,则由三角形相似可知$1:a_1=a_2:x$,即$x=a_1a_2$.如果取$OA=1$,$OC=a_1$,$OD=a_2$,作DB平行于CA交OA于B,令$OB=x$,则$1:x=a_1:a_2$,即$x=\frac{a_1}{a_2}$.

(2) 若已知线段长$1,a$,则可作出$x=\sqrt{a}$.事实上,如图 2.5 所示,半圆中的两个三角形相似,所以$x^2=ab$,$x=\sqrt{ab}$.取$b=1$即得$x=\sqrt{a}$:.

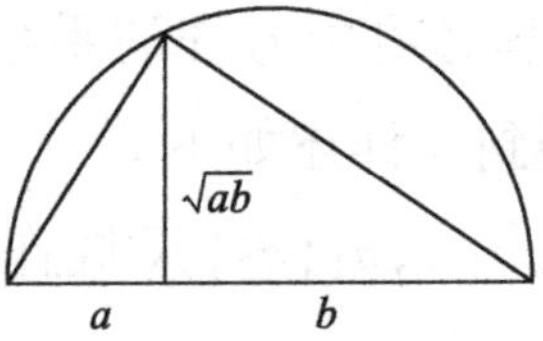

图 2.5　平方作图

由以上两点可知,如果x可由已知的 1,

$a_1,\cdots,a_s$ 经过加减乘除和开平方运算得到，那么 x 就能用尺规逐步被作出．例如，对证明前给出的 x 的表达式，可依次作出 $8,a_1a_2,a_1a_2-8,\sqrt{a_1a_2-8}$等．

(3) 现在反过来，设 x 可由已知的 1，$a_1,\cdots,a_s$ 用尺规作出，我们要证明 x 可由 1，$a_1,\cdots,a_s$ 经过加减乘除和开平方得到．我们知道，尺规作图，不外乎过两点作直线、作圆，再求这些直线和圆之间的交点．取坐标系之后，这些作图都相当于代数运算，就是加减乘除和开平方．先看由点 $P_1=(a_1,b_1)$，$P_2=(a_2,b_2)$ 作直线 L，则 L 的方程为

$$(y-b_1)=(x-a_1)(b_2-b_1)/(a_2-a_1),$$

方程的系数可由 P_1 和 P_2 两点的坐标经加减乘除得到．再考虑以点(a_0,b_0)为圆心，过点(a_3,b_3)作圆，方程为

$$\begin{aligned}&(x-a_0)^2+(y-b_0)^2\\=&(a_3-a_0)^2+(b_3-b_0)^2,\end{aligned}$$

方程的系数可由点(a_0,b_0)和(a_3,b_3)的坐标经加减乘除得到．下面再分别讨论直线和圆相互之间的交点．

求两条直线 L_1,L_2 的交点，实际上是解两个一次方程构成的方程组．交点的坐标当然可

由直线方程的系数经加减乘除得到.

求直线 L 与圆 O 的交点 P,是解 L 的一次方程和圆 O 的二次方程构成的方程组. 将一次方程代入二次方程,得到一个二次方程 $ax^2+bx+c=0$,系数 a,b,c 可由直线 L 与圆 O 的方程的系数经加减乘除得到. $ax^2+bx+c=0$ 的解为

$$x=\frac{-b\pm\sqrt{b^2-4ac}}{2a}.$$

所以 x(从而交点 P 的坐标) 可由直线 L 与圆 O 的方程的系数经加减乘除和开平方得到.

再考察两个圆 O_1 和 O_2 的交点 Q. 两圆的方程可分别写为

$$O_1:\quad x^2+y^2+a_1x+b_1y=c_1$$

$$O_2:\quad x^2+y^2+a_2x+b_2y=c_2$$

二式相减得直线方程

$$L:\quad (a_1-a_2)x+(b_1-b_2)y=c_1-c_2.$$

圆 O_1 和 O_2 的交点就是圆 O_1 与直线 L 的交点,其坐标当然是原方程系数的加减乘除和开平方的运算结果.

总之,我们已经看到,“x 可用尺规作出”意味着 x 是一些直线和圆的交点的坐标,从而可由已知数经加减乘除和开平方得到. 多次不断

地作图,就相当于由已知数多次反复作加减乘除和开平方运算．这就证明了定理 1.

附注 1 有人可能会提出这样的问题：平面作图时,除按作图规则作出点、直线、圆之外,有时候还需要在某区域“任意选一点”,这对上述证明是否有影响呢？答案是没有影响．事实上,我们知道,数 1 经过有限步加减乘除可得到任意有理数．有理数在数轴的任意区段都是稠密的——即在任意小的区间内都存在有理数．所以当需要“任选一点”时总可以选取有理点(即坐标是有理数的点),不影响作图结果(任意选一点作图的结果都是等效的)．所以结论还是：x 可由 $1, a_1, \cdots, a_s$ 经有限次加减乘除和开平方运算得到．

上述定理 2.1 是用实数(线段长)讨论的．也可以用复数的语言作讨论．取定坐标系之后，平面上的点 $P=(a,b)$与复数 $z=a+b\mathrm{i}$ 之间是一一对应的．因此平面上的点、直线(由两点决定)、圆(由圆心和圆上一点决定),都对应着复数．复数的加减乘除和开平方显然都可用尺规作图得到．此外复数的求共轭运算显然也可由尺规作图实现．反之,尺规作图即是求直线、圆及其交点,对应于加减乘除开平方及求共轭运算．基于已知图形用直尺圆规作出新图形，就是基于已知复数用加减乘除开平方及求共轭得出新的复数．所以定理1用复数叙述如下：

定理2.1′ 设已知复数 $1, z_1, \cdots, z_t$. 那么基于这些复数，用直尺和圆规能作出复数 x 的充分必要条件是：x 可以由 $1, z_1, \cdots, z_t$ 经过有限多次的加减乘除和开平方及求共轭运算得到.

2.4 古希腊难题的关键

让我们看看，三大作图问题不可能的关键所在(一些严格论证细节留待下两节).

先考虑立方倍积问题．给定边长为 a 的立方体，立方倍积问题就是要作出线段长 x(新立方体边长)，使得 $x^3=2a^3$，即要求作出 $x=\sqrt[3]{2}a$. 我们特别设原立方体的边长 $a=1$，而要求作出 $x=\sqrt[3]{2}$. 容易看出，只要能作出$\sqrt[3]{2}$，那么$\sqrt[3]{2}a$ 就容易作出了(对任意的 a)．(另一种处理办法是：在取坐标系时将给定的立方体的边长 a 取为单位长) 因此问题化为：用直尺圆规作出实数(线

段长)x,使得

$$x^3 = 2.$$

由上述定理 2.1,要 $\sqrt[3]{2}$ 能由直尺和圆规作出,则需要 $\sqrt[3]{2}$ 能由数 1 经有限多次加减乘除和开平方得到. 因为 $\sqrt[3]{2}$ 是开 3 次方,它不能由开平方得到,似乎是比较显然的. 正是由于此原因,所以立方倍积不可能. 但这样论证还是不十分严密的,下节我们在多学一些关于数和域的知识之后,可以很容易地严格证明这一点.

再看三等分角问题. 设任意给定一个角 φ,要求作出 $\theta=\frac{1}{3}\varphi$. 由三角等式知

$$\begin{aligned}\cos(3\theta) &= \cos\theta\cos2\theta - \sin\theta\sin2\theta \\ &= \cos\theta(\cos^2\theta - \sin^2\theta) - 2\sin^2\theta\cos\theta \\ &= \cos\theta(2\cos^2\theta - 1) - 2(1 - \cos^2\theta)\cos\theta \\ &= 4\cos^3\theta - 3\cos\theta.\end{aligned}$$

我们记 $\cos3\theta=a$,$\cos\theta=x$,上式化为(三等分角方程):

$$4x^3 - 3x - a = 0.$$

如果 $\theta=\frac{1}{3}\varphi$ 能够作出来,当然 $\cos\theta=x$ 也能作出来. 因此三等分角问题化为:任意给定角 φ,即给定实数 $\cos\varphi=a$ ($|a|\leqslant1$),要求尺规作出 x

满足 $4x^3-3x-a=0$. 特别取 $\varphi=60°$, $a=\cos\varphi=1/2$,方程即为 $4x^3-3x-1/2=0$,即 $8x^3-6x-1=0$. 记 $y=2x$,则三等分角方程化为

$$y^3-3y-1=0.$$

用复数可以将问题说得更明确. 给定角 φ,相当于给定复数 $c=\cos\varphi+\mathrm{i}\sin\varphi$. 而三等分角求 $\theta=\varphi/3$ 相当于求复数 $z=\cos\theta+\mathrm{i}\sin\theta$. 于是 $(\mathrm{e}^{\mathrm{i}\theta})^3=\mathrm{e}^{\mathrm{i}3\theta}=\mathrm{e}^{\mathrm{i}\varphi}$,即

$$(\cos\theta+\mathrm{i}\sin\theta)^3=\cos3\theta+\mathrm{i}\sin3\theta=c,$$

化为

$$z^3=c.$$

所以三等分角问题化为:任意给定复数 c,用尺规作出 z 使得 $z^3=c$. 因此,如同立方倍积问题一样,可知此问题对一般的角是不可能的. 例如我们取 $\varphi=60°$, $c=\cos\varphi+\mathrm{i}\sin\varphi=1/2+\mathrm{i}\sqrt{3}/2$,问题化为求解 $z^3=c=(1+\mathrm{i}\sqrt{3})/2$.

事实上,下面我们要证明:3 次方程的根都不能用直尺圆规作出,除非这个三次方程有一个有理数的根.

最后看化圆为方问题. 就是由已知实数 r(圆的半径),要求作出实数 x(正方形边长),使得 $x^2=\pi r^2$,即 $x=\sqrt{\pi}r$. 于是问题化为作出$\sqrt{\pi}$.

因为尺规作图可以开平方，所以化圆为方问题归结为构作圆周率 π. 由定理 2.1，这需要 π 能够由数 1 经过加减乘除和开平方得到.

最终在 1882 年，德国数学家 Lindemann 证明：π 不是代数数(即 π 是超越数)，也就是说，π 不可能满足任何 $x^n+a_1x^{n-1}+\cdots+a_{n-1}x+a_n=0$ 这种形式的方程(称为多项式或代数方程. 这里 $a_1,\cdots,a_n$ 为任意有理数，整数 $n\geqslant 1$). 由此特别可以推知，π 不可能由有理数经过加减乘除和开任意次方得到. 因此，尺规化圆为方是不可能的. 当然上述还不是严格的证明. 待我们介绍一些域和域的扩张理论之后，再回来严格讨论此问题.

2.5 二次扩张塔

为了清楚地理解古希腊难题的解决，需要域的扩张的一些知识.

设 F 是由一些复数构成的集合，如果 F 对加减乘除封闭，即 F 中任意两个数的和、差、积、商(0 不作除数)仍然在 F 中，那么就称 F 为一个**数域**(number field)，也称为**域**.

例如,有理数全体$\mathbb{Q}$是一个数域,称为**有理数域**. 实数全体$\mathbb{R}$是一个数域,称为**实数域**. 复数全体$\mathbb{C}$也是一个数域,称为**复数域**.

设F是一个数域,$m\in F$, $\sqrt{m}\notin F$ (即m属于F,但$\sqrt{m}$不属于F). 考虑集合

$$F(\sqrt{m})=\{a+b\sqrt{m}\mid a,b\in F\},$$

也就是说,集合$F(\sqrt{m})$由所有数$a+b\sqrt{m}$组成,其中a,b是F中的数. 显然,$F(\sqrt{m})$对加减乘除封闭,所以是一个数域. 事实上,设$\alpha=a+b\sqrt{m}$, $\beta=c+d\sqrt{m}$为$F(\sqrt{m})$中的两个数,显然$\alpha\pm\beta\in F(\sqrt{m})$.

$$\begin{aligned}\alpha\beta&=(a+b\sqrt{m})(c+d\sqrt{m})\\&=(ac+bdm)+(ad+bc)\sqrt{m}\in F(\sqrt{m}).\end{aligned}$$

$$\begin{aligned}\frac{\alpha}{\beta}&=\frac{a+b\sqrt{m}}{c+d\sqrt{m}}\\&=\frac{(ac-bdm)+(bc-ad)\sqrt{m}}{c^2-d^2m}\in F(\sqrt{m}).\end{aligned}$$

所以$F(\sqrt{m})$中任意两数的和差积商还在$F(\sqrt{m})$中,这说明$F(\sqrt{m})$是一个数域. 域$F(\sqrt{m})$当然包含F. 我们称$F(\sqrt{m})$是F的**二次扩域**,或**二次扩张**(quadratic extension),即

次数是 2 的扩域(或扩张). 而称 F 是 $F\sqrt{m}$ 的子域(subfield).

还可以继续扩张. 我们记 $F_1=F(\sqrt{m_1})$ 是 F 的二次扩域($m=m_1$). 再设 $m_2\in F_1$, 且 $\sqrt{m_2}\notin F_1$. 那么 $a+b\sqrt{m_2}$(其中 $a,b\in F_1$)的全体记为

$$F_2=F_1(\sqrt{m_2})=\{a+b\sqrt{m_2}\mid a,b\in F_1\},$$

也用以下符号表示:

$$F_2=F(\sqrt{m_1})(\sqrt{m_2})=F(\sqrt{m_1},\sqrt{m_2}).$$

F_2 是 F_1 的二次扩张,是 F 的 4 次扩张. 再设 $m_3\in F_2$, 且 $\sqrt{m_3}\notin F_2$, 同样可以得到 F 的 8 次扩张

$$F_3=F(\sqrt{m_1},\sqrt{m_2},\sqrt{m_3}).$$

如此进行,可知对任意自然数 n, 能够得到 F 的 2^n 次扩张

$$F_n=F(\sqrt{m_1},\sqrt{m_2},\cdots,\sqrt{m_n}).$$

我们称 F_n 是 F 上的 n 级**二次扩张塔**,因为逐步扩张形成如下的二次扩张塔:

$$F\subset F_1\subset F_2\subset\cdots\subset F_{n-1}\subset F_n.$$

例如设 $F=\mathbb{Q}$ 为有理数域,则 $F_1=\mathbb{Q}(\sqrt{5})$ 是 $a+b\sqrt{5}$ 全体, a,b 为任意有理数. $\mathbb{Q}(\sqrt{5})$ 是 $\mathbb{Q}$ 的二次扩域. 再取 $m_2=-1+\sqrt{5}\in\mathbb{Q}(\sqrt{5})$, 易知

$\sqrt{m_2}=\sqrt{-1+\sqrt{5}}$不在$\mathbb{Q}(\sqrt{5})$中．否则可设

$$\sqrt{-1+\sqrt{5}}=a+b\sqrt{5}\quad (a,b\text{ 为有理数}),$$

$$-1+\sqrt{5}=a^2+5b^2+2ab\sqrt{5},$$

所以$-1=a^2+5b^2$，此不可能．所以$\mathbb{Q}(\sqrt{5})(\sqrt{-1+\sqrt{5}})=\mathbb{Q}(\sqrt{5},\sqrt{-1+\sqrt{5}})$是$\mathbb{Q}$的 4 次扩张．

2.6 可构作数

在平面中取定正交坐标系之后，单位长 1 自然是确定了的．如果在取定坐标系的平面上，用直尺圆规(不需其它已知图形)就可作出线段长 x，则 x 称为**可构作数**(constructible number)．如果在取定坐标系的平面上，还给定线段长 $a_1,a_2,\cdots,a_s$，而由此用直尺圆规作图可作出线段长 x，则 x 称为基于 $a_1,\cdots,a_s$ 的可构作数(constructible number basing on $a_1,\cdots,a_s$)．由上节定理 1 我们知道，x 是基于 $a_1,\cdots,a_s$ 的可构作数的充分必要条件是：x 可由 $1,a_1,\cdots,a_s$ 经有限多次的加减乘除和开平方得到．

由 1 经加减乘除可得任意有理数,即得到有理数域$\mathbb{Q}$. 有理数和已知数 $a_1,\cdots,a_s$ 经过四则运算(加减乘除)可能得到的数的全体记为

$$F=\mathbb{Q}(a_1,\cdots,a_s),$$

这是一个数域(因为它对加减乘除封闭),称为由 $a_1,a_2,\cdots,a_s$ 在$\mathbb{Q}$上"生成"的数域. 在尺规作图问题中,我们称 F 为**已知数域,也称为基域**. 例如,立方倍积问题,如果我们设原立方体的边长是 1,则基域 $F=\mathbb{Q}$. 再如三等分角问题,如果我们设给定的角是 60°,那么 $\cos60°=1/2$,问题是作出 $x=\cos20°$,因此基域也是$F=\mathbb{Q}$. 化圆为方问题,如果我们设已知圆的半径为 1,则基域也是 $F=\mathbb{Q}$. 当然,同一问题也可以用不同的处理方法. 例如在三等分角问题中,仍设已知角是 60°,如果用复数,就相当于已知

$$c=\cos60°+\mathrm{i}\sin60°=1/2+\mathrm{i}\sqrt{3}/2,$$

而要求的是复数 $z=\cos20°+\mathrm{i}\sin20°$,所以基域是 $F=\mathbb{Q}(c)=\mathbb{Q}(\sqrt{-3})$.

基于已知数 $a_1,\cdots,a_s$ 用直尺圆规作图求新的数,相当于对基域 F 中的数作多次的加减乘除和开平方. 因为域 F 对加减乘除封闭,所以它的数经加减乘除之后还在 F 中. 但是,开平方之后,就可能得到 $\sqrt{m_1}$ 不属于 F,从而得到二

次扩域$F_1=F(\sqrt{m_1})$. 再对$F(\sqrt{m_1})$的数加减乘除,还是在$F(\sqrt{m_1})$中,但经开平方可以得到$(\sqrt{m_2})\notin F(\sqrt{m_1})$, 从而得到$F$的4次扩张$F_2=F(\sqrt{m_1},\sqrt{m_2})$. 如此进行下去, 可能得到$F$的$2^n$次扩张$F_n$($n$为任意自然数). 所以前面的定理1可改述为

定理2.2 (1) 数x为可构作数(即在取定坐标系的平面上,用直尺圆规可作出线段长x)的充分必要条件是: x属于有理数域$\mathbb{Q}$的某二次扩张塔

$$\mathbb{Q}_n=\mathbb{Q}(\sqrt{m_1},\cdots,\sqrt{m_n}),$$

其中$m_k\in\mathbb{Q}_{k-1}=\mathbb{Q}(\sqrt{m_1},\cdots,\sqrt{m_{k-1}})$, 而$\sqrt{m_k}\notin\mathbb{Q}_{k-1}$($n$为某自然数; $k=1,\cdots,n$; $\mathbb{Q}_0=\mathbb{Q}$).

(2) 基于已知实数$a_1,\cdots,a_s$可构作出实数x(即在取定坐标系的平面上,已知线段长$a_1,\cdots,a_s$,用直尺圆规可作出线段长x)的充分必要条件是: 基域$F=\mathbb{Q}(a_1,\cdots,a_s)$的某二次扩张塔包含$x$. 即$x$属于某个如下形式的域

$$F_n=F(\sqrt{m_1},\cdots,\sqrt{m_n}),$$

其中$m_k\in F_{k-1}=F(\sqrt{m_1},\cdots,\sqrt{m_{k-1}})$, 而

$\sqrt{m_k} \notin F_{k-1}$($n$ 为某自然数；$k=1,\cdots,n$；$F_0=F$).

由已知复数 $z_1,\cdots,z_t$ 很容易用尺规作出它们的复共轭 $\bar{z}_1,\cdots,\bar{z}_t$. 所以上述定理用复数来叙述如下：

定理 2.2′ 基于已知复数 $z_1,\cdots,z_t$ 可构作出复数 z 的充分必要条件是：z 属于某二次扩张塔

$$F_n = F(\sqrt{m_1},\cdots,\sqrt{m_n}),$$

其中

$$F = \mathbb{Q}(z_1,\cdots,z_t,\bar{z}_1,\cdots,\bar{z}_t),$$

$m_k \in F_{k-1} = F(\sqrt{m_1},\cdots,\sqrt{m_{k-1}})$，而$\sqrt{m_k} \notin F_{k-1}$ (n 为某自然数；$k=0,\cdots,n-1$；$F_0=F$).

3 古希腊难题的解决

3.1 三次方程的根不可构作

立方倍积和三等分角问题,都涉及到三次方程.因此我们先来讨论三次方程的一个性质,由此这两个问题就可迎刃而解,还可解决其它问题.

形如

$$a_0x^n+a_1x^{n-1}+\cdots+a_{n-1}x+a_n$$

这样的表达式称为**多项式**,$a_0,\cdots,a_n$ 称为系数,x 为变量(或称为不定元).a_0 称为首项系数.若 $a_0\neq 0$,则称此多项式的次数为 n.若系数 $a_0,\cdots,a_n$ 属于某集合 F,则称此多项式是 F 上的多项式.若 $f(x)$为 F 上的一个多项式,则方程 $f(x)=0$ 称为 F 上的代数方程(或多项式方程). 满足 $f(c)=0$ 的数 c 称为方程$f(x)=0$(或多项式 $f(x)$) 的**解**、**根**或**零点**. 多项式在科学理论和实用中都十分重要,有兴趣的读者可参看作者所著《高等代数学》的第 1.3 节.

解决古希腊两难题的关键定理是:"(无有理根的整系数)三次方程的复根是不可构作的". 注意条件"无有理根"是平凡的. 此定理详述如下:

定理 3.1 考虑三次多项式

$$f(x)=a_0x^3+a_1x^2+a_2x+a_3$$

(其中 a_0,a_1,a_2,a_3 都是整数).

如果它没有有理数根,则它的复数根都不可构作(即不能由直尺圆规作出).

证明 用反证法. 假设方程 $f(x)=0$ 有复数根是可构作数. 由定理 2.2 知道,可构作的复数根应当属于有理数域$\mathbb{Q}$ 的某二次扩张塔

$$\mathbb{Q}_n=\mathbb{Q}(\sqrt{m_1},\cdots,\sqrt{m_n}).$$

我们不妨设 n 是有如下性质的最小自然数: $\mathbb{Q}$ 有某 n 次扩张塔包含 $f(x)=0$ 的某个复数根. 注意$\mathbb{Q}_n=\mathbb{Q}_{n-1}(\sqrt{m_n})$是$\mathbb{Q}_{n-1}$的二次扩张,其中 $m_n\in\mathbb{Q}_{n-1}$而$\sqrt{m_n}\notin\mathbb{Q}_{n-1}=\mathbb{Q}(\sqrt{m_1},\cdots,\sqrt{m_{n-1}})$. 因此 $f(x)=0$ 的在$\mathbb{Q}_n$ 中的根可写为

$$\alpha = a + b(\sqrt{m_n}) \quad (其中\ a,b \in \mathbb{Q}_{n-1}),$$

而且 $b\neq 0$(否则与 n 的最小性矛盾).

(1) 由 $\alpha=a+b\sqrt{m_n}$ 是 $f(x)=0$ 的根,可推知 $\alpha'=a-b(\sqrt{m_n})$(称为 α 的共轭数. 注意由 $b\neq 0$ 知 $\alpha'\neq\alpha$.)也是 $f(x)=0$ 的根. 证明如下.

$$\begin{aligned} f(a+b\sqrt{m_n}) &= a_0(a+b\sqrt{m_n})^3 \\ &\quad + a_1(a+b\sqrt{m_n})^2 \\ &\quad + a_2(a+b\sqrt{m_n}) + a_3 \\ &= c + d\sqrt{m_n}, \end{aligned}$$

其中 c,d 属于 $\mathbb{Q}_{n-1}$. 则可知

$$\begin{aligned} f(a-b\sqrt{m_n}) &= a_0(a-b\sqrt{m_n})^3 \\ &\quad + a_1(a-b\sqrt{m_n})^2 \\ &\quad + a_2(a-b\sqrt{m_n}) + a_3 \\ &= c - d\sqrt{m_n}. \end{aligned}$$

由 $0=f(a+b\sqrt{m_n})=c+d\sqrt{m_n}$,可知 $c=d=0$. 所以 $f(a-b\sqrt{m_n})=c-d\sqrt{m_n}=0$. 即得断言.

(2) 易知 $f(x)$ 共有 3 个根:α,α',β. 证明如下. 作带余除法 $f(x)\div(x-\alpha)$,可得到

$$f(x) = (x-\alpha)q(x) + r,$$

其中 $q(x)$ 是商(是 2 次多项式),r 是余数. 代入 α 则得 $f(\alpha)=(\alpha-\alpha)q(\alpha)+r$. 所以 $f(\alpha)=0$

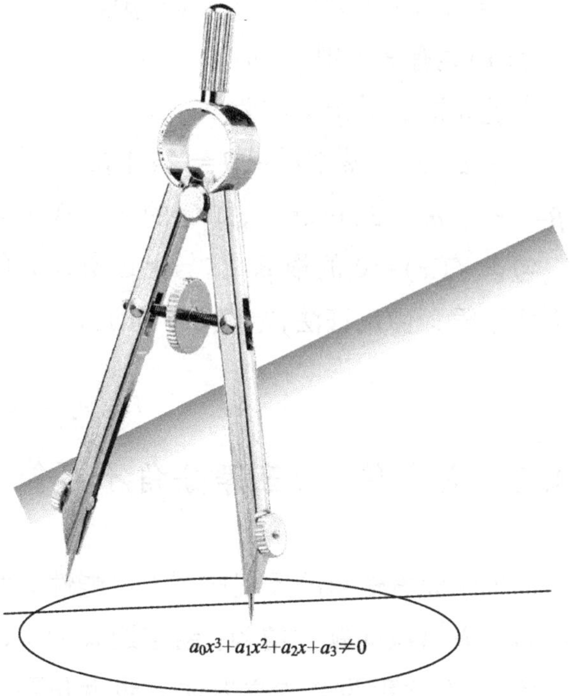

图 3.1 三次方程的根尺规不可构作

当且仅当 $r=0$. 也就是说：α 是 $f(x)$的根当且仅当 $x-\alpha$ 能整除$f(x)$，即存在 $q(x)$使

$$f(x)=(x-\alpha)q(x).$$

于是由 $0=f(\alpha')=(\alpha'-\alpha)q(\alpha')$，知道 $q(\alpha')=0$. 这又说明 $q(x)=(x-\alpha')q_1(x)$，$q_1(x)$为一次多项式，可设为 $q_1(x)=a_0(x-\beta)$. 这也就说明

$$f(x)=a_0x^3+a_1x^2+a_2x+a_3=(x-a)q(x)$$

$$= a_0(x-\alpha)(x-\alpha')(x-\beta),$$

即知 $f(x)$ 共有 3 个根：α, α', β.

于是 3 根 α, α', β 之和为

$$-a_1/a_0 = \alpha + \alpha' + \beta = 2a + \beta.$$

故 $\beta = -a_1/a_0 - 2a \in \mathbb{Q}_{n-1}$，即 $\mathbb{Q}$ 的 2^{n-1} 次扩张 $\mathbb{Q}_{n-1}$ 包含 $f(x)=0$ 的根 β. 这与上边所设 n 的最小性矛盾．由反证法，定理 3.1 得证．

3.2 立方倍积、三等分角不可能

先证明**立方倍积**的尺规作图不可能性．我们已将立方倍积问题归结为：给定边长为 1 的立方体，求作体积为 2 的立方体．也就是要用直尺圆规作出实数(线段长) x，使得

$$x^3 = 2.$$

由上述定理 3.1，我们只要证明 $x^3-2=0$ 无有理数的根，则它的根必是不可构作的，立方倍积问题就否定地解决了．用反证法，假设 $x^3=2$ 有有理根 $\frac{s}{t}$，其中 s, t 为互素的整数．于是

$$\left(\frac{s}{t}\right)^3 = 2,$$

$$s^3 = 2t^3.$$

设 s 和 t 的素因子个数分别为 u 和 v(例如 $72=2\cdot2\cdot2\cdot3\cdot3$ 的素因子个数为 5),则 s^3 和 $2t^3$ 的素因子个数分别为 $3u$ 和 $3v+1$. 由 $s^3=2t^3$ 则应当

$$3u=3v+1.$$

当然这是不可能的,因为两边除以 3 的余数不同. 所以 $s^3\neq2t^3$, $x^3=2$ 无有理根,它的根都是不可构作的. 这就证明了:用尺规作图完成立方倍积是不可能的.

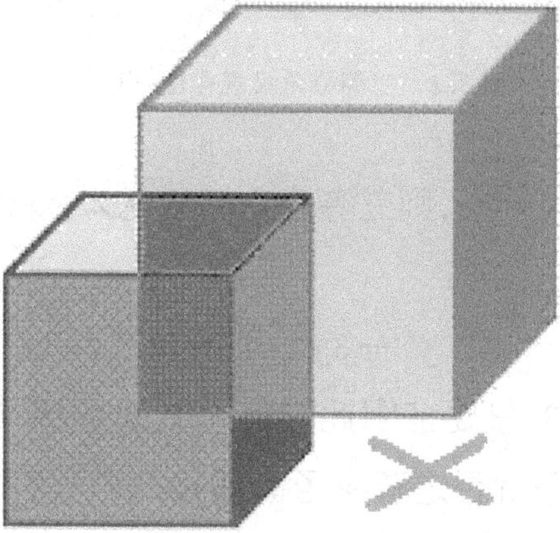

图 3.2　立方倍积尺规作图不可能

再证明**三等分角**的尺规作图不可能. 问题是:给定任意角 φ,要求作出 $\theta=\varphi/3$. 由三角等式 $\cos(3\theta)=4\cos^3\theta-3\cos\theta$,记 $\cos3\theta=a$, $\cos\theta=x$,得方程 $4x^3-3x-a=0$. 特别取 $\varphi=60°$, $a=$

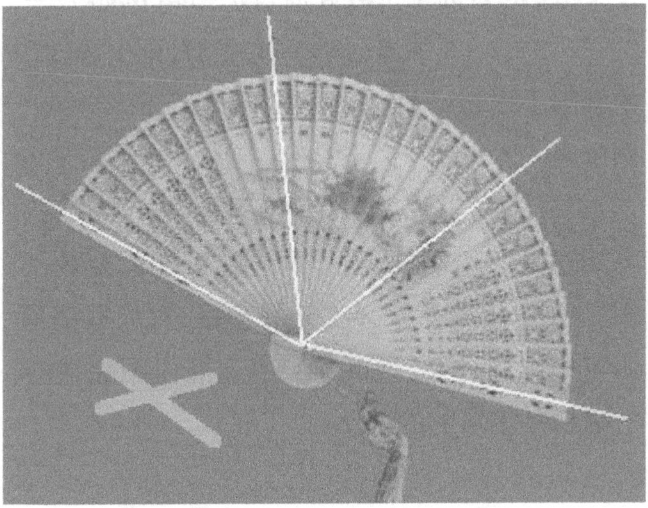

图 3.3　三等分角尺规作图不可能

1/2,记 $y=2x$,则三等分角问题化为：求作实数 y 使得

$$y^3-3y-1=0.$$

由定理 3,只要证明此方程无有理数解,则三等分角问题就否定解决了．假设此方程有一个有理根 $y=\frac{s}{t}$(既约分数),其中 s,t 为互素的整数. 于是

$$(s/t)^3-3(s/t)-1=0,$$

$$s^3-3st^2=t^3.$$

因 s 能整除左边,所以 s 能整除 t^3. 这说明 s 的

素因子能整除t. 因为 s,t 是互素的(没有公因子),这说明 s 没有素因子,即 $s=\pm 1$. 另一方面,$s^3-3st^2=t^3$ 也可写为 $s^3=t^3-3st^2$,说明 t 可整除 s^3,与上面同理可推知 $t=\pm 1$. 这说明 $y=\frac{s}{t}=\pm 1$ 是 $y^3-3y-1=0$ 的根. 显然不可能. 这说明此方程无有理根. 所以尺规作图三等分任意角是不可能的.

3.3 再谈域的扩张

我们在前面已经解决了立方倍积和三等分角问题. 那里用到的知识,值得加深一步. 这样既可以更好地理解前面的问题,又可以解决其它问题,例如化圆为方、正多边形作图、根式解方程等问题. 进一步还可以欣赏费马大定理的历史和最终解决.

设 F 是复数域$\mathbb{C}$ 的子集合(至少含 0 和 1),如果对加减乘除封闭(即 F 中任意两数的和差积商仍在 F 中. 0 不作除数),则称 F 为数域或域. 如果域 E 包含域 F,则称 F 是 E 的子域,称 E 为F 的扩域或扩张,常记为 E/F 或$E\supset F$.

有理数域Q是最小的数域,因为任一数域必然含1,又对加减乘除封闭,从而必然含所有有理数.

设 E 是 F 的扩域,$\alpha_1,\cdots,\alpha_n$ 是 E 中数. 如果存在 F 中的不全为零的数 $\lambda_1,\cdots,\lambda_n$ 使

$$\lambda_1\alpha_1+\cdots+\lambda_n\alpha_n=0\ (\lambda_1,\cdots,\lambda_n\in F\text{ 不全为零}),$$

则称 $\alpha_1,\cdots,\alpha_n$ 为**线性相关**;否则称为**线性无关**. 所以,若 $\alpha_1,\cdots,\alpha_n$ 线性相关,假设 $\lambda_1\neq 1$,则

$$\alpha_1=(-\lambda_2/\lambda_1)\alpha_2+\cdots+(-\lambda_n/\lambda_1)\alpha_n.$$

特别地,一个元素 α_1 线性无关当且仅当它非零. 两个元素 α_1,α_2 线性相关当且仅当其中一个是另一个的 λ 倍($\lambda\in F$). 而 $\alpha_1,\cdots,\alpha_n$ 线性无关的意思就是:$\lambda_1\alpha_2+\cdots+\lambda_n\alpha_n=0$ 只有当 $\lambda_1=\cdots=\lambda_n=0$ 才可能. 对于 E 的无限子集合 S,如果 S 中存在有限多个元素是线性相关的,则称 S 是线性相关的;否则称 S 是线性无关的.

如果 E 中存在元素 $\alpha_1,\cdots,\alpha_n$ 是线性无关的,且能够线性表出 E(这就是说每个 $\alpha\in E$ 可表为 $\alpha_1,\cdots,\alpha_n$ 的**线性组合**,即可表为 $\alpha=c_1\alpha_1+\cdots+c_n\alpha_n$,其中 $c_1,\cdots,c_n\in F$),则称 $\alpha_1,\cdots,\alpha_n$ 是 E 在 F 上的**基**(basis),n 称为 E 在 F 上的**次数**(degree),记为

$$[E:F]=n.$$

此时称 E 是 F 的 n 次扩张,也统称为有**限(次)扩张**. 否则称 E 是 F 的无限(次)扩张,即 E 中有一个线性无关的无限子集合. 例如$\mathbb{C}$ 是$\mathbb{R}$ 的有限扩张,实际上是 2 次扩张,基可取为$\{1,\mathrm{i}\}$. $\mathbb{Q}(\sqrt{5})$是$\mathbb{Q}$ 的二次扩域,基可取为$\{1,\sqrt{5}\}$. 但可证明,$\mathbb{R}$ 是$\mathbb{Q}$ 的无限扩张.

仍设 E 是 F 的扩域,设 $\alpha\in E$. 如果存在一个系数属于 F 的多项式

$$f(x)=a_0x^n+a_1x^{n-1}+\cdots+a_{n-1}x+a_n \quad (a_0,\cdots,a_n\in F),$$

使得

$$f(\alpha)=0,$$

则称 α 是 F 上的**代数元**; 否则称 α 是 F 上的**超越元**. 有理数域 $F=\mathbb{Q}$ 上的代数元称为**代数数**,超越元称为**超越数**. 如果 E 中的数都是 F 上的代数元,则称 E 是 F 的**代数扩张**; 否则称为**超越扩张**. 例如 i 是$\mathbb{R}$ 上的代数元,$\mathbb{C}$ 是$\mathbb{R}$ 的代数扩张(每个复数都是实系数多项式的根). 我们将证明圆周率 π 是超越元,这正是化圆为方不可能的原因.

注意,有限扩张 E/F 一定是代数扩张. 事实上,设扩张次数$[E:F]=n$,对任意 $\alpha\in E$,则 $1,\alpha,\alpha^2,\cdots,\alpha^n$(共 $n+1$ 个元素)必然线性相关,

故可设$c_0+c_1\alpha+\cdots+c_n\alpha^n=0(c_i\in F)$. 于是$\alpha$是多项式$c_0+c_1x+\cdots+c_nx^n$的根,即知$\alpha$是$F$上的代数元.

设$S=\{\alpha,\beta,\cdots\}$是一些复数组成的集合.包含集合$S$的域$F$的最小扩域记为

$$F(S)=F(\alpha,\beta,\cdots),$$

称为S生成的(或**添加**S的)F的扩域. 这实际上就是F和S中的数经过反复加减乘除得到的所有数. 由一个数α生成的扩张$F(\alpha)$称为(**添加**α的)**单扩张**.

单扩张$F(\alpha)$分为两种.

(1) **单代数扩张** 设α是域F上的代数元,也就是说α是F上某多项式的(复数)根.在有根为α的所有多项式中,我们取一个次数最低的,设为

$$f(x)=a_0x^n+a_1x^{n-1}+\cdots+a_{n-1}x+a_n$$
$$(a_0,\cdots,a_n\in F),$$

并且可以设首相系数$a_0=1$. 此多项式$f(x)$称为α在F上的**最小多项式**. 它在F上一定是**不可约的**(即不能分解为系数属于F的更低次数多项式的乘积),否则与其次数的最低性矛盾.我们断言单代数扩张

$$F(\alpha)=\{c_0+c_1\alpha+\cdots+c_{n-1}\alpha^{n-1}\mid c_0,\cdots,$$

$c_{n-1} \in F\}$.

事实上,$F(\alpha)$中的数,也就是α和F中的数反复加减乘除得到的数,无非就是α的多项式:$g(\alpha)=b_0\alpha^k+b_1\alpha^{k-1}+\cdots+b_{k-1}\alpha+b_k\,(b_0,\cdots,b_k\in F)$. 以$g(x)$除以$f(x)$得

$$g(x)=f(x)q(x)+r(x),$$

其中余式$r(x)$的次数低于n. 以$x=\alpha$代入得$g(\alpha)=f(\alpha)q(\alpha)+r(\alpha)=r(\alpha)$. 所以$F(\alpha)$中的数$g(\alpha)$均可表如$r(\alpha)=c_0+c_1\alpha+\cdots+c_{n-1}\alpha^{n-1}$. 由此可知$1,\alpha,\cdots,\alpha^{n-1}$是扩域$F(\alpha)$在$F$上的基,因为它们显然是线性无关的(否则与$f(x)$的次数最低性矛盾). 特别我们知道:设$f(x)$是数域$F$上的$n$次不可约多项式,$\alpha$是其一复根,则单扩张$F(\alpha)$是$F$的$n$次代数扩张.

(2) **单超越扩张** 设α是数域F上的超越元. 这时,对于F上的两个不同多项式$f(x)$和$g(x)$(注意,两个多项式相同(即相等)意味着二者的次数相等,对应系数都相等),必然有$f(\alpha)\neq g(\alpha)$(否则,$f(\alpha)-g(\alpha)=0$,α是$f(x)-g(x)$的根,与α是F上超越元矛盾). 所以,这时"x的多项式"和"α的多项式"是一一对应的. 通俗地说,二者的"个数"是一样多的. 所

以单超越扩张$F(\alpha)$是 F 的无限扩张，它的元素就是 α 的有理式 $f(\alpha)/g(\alpha)$全体，即

$$F(\alpha)=\{f(\alpha)/g(\alpha)\mid f,g\ 为\ F\ 上多项式, g\neq 0\}$$

添加多个元素的扩张 $F(\alpha_1,\cdots,\alpha_s)$，可以逐步由多次单扩张得到：

$$\begin{aligned}F(\alpha_1,\cdots,\alpha_s)&=F(\alpha_1)(\alpha_2,\cdots,\alpha_s)\\&=F(\alpha_1)(\alpha_2)(\alpha_3,\cdots,\alpha_s).\end{aligned}$$

定理 3.2 设域 $F\subset E\subset K$，则域的扩张次数有积性，即

$$[K:F]=[K:E][E:F].$$

特别可知，子扩张的次数$[E:F]$能整除原扩张次数$[K:F]$.（定理中的等式也意味着：当且仅当$[E:F]$和$[K:E]$都有限时，$[K:F]$是有限的）.

证明 (1)设$[K:F]$有限．显然$[E:F]$有限，否则 E 中就有线性无关的无限子集合，当然也属于 K，与$[K:F]$有限矛盾．设 $\alpha_1,\cdots,\alpha_s$ 是 K 在 F 上的基，于是每个 $\alpha\in K$ 可表示为$\alpha=c_1\alpha_1+\cdots+c_n\alpha_n$，其中 $c_1,\cdots,c_n$ 是属于 F，自然也属于 E. 因此 $\alpha_1,\cdots,\alpha_n$ 中的最大的线性无关子集，就是 K 在 E 上的基，所以$[K:E]$有限．

(2) 设$[E:F]$和$[K:E]$都有限，设

$u_1,\cdots,u_m$是E在F上的基，$v_1,\cdots,v_n$是K在E上的基．我们只要证明$\{u_iv_j\}(1\leqslant i\leqslant m,1\leqslant j\leqslant n)$是$K$在$F$上的基，即可完成证明．先证明它们线性无关：如果$\sum_{j=1}^{n}\sum_{i=1}^{m}c_{ij}u_iv_j=0,c_{ij}\in F$，则$\sum_{j=1}^{n}v_j(\sum_{i=1}^{m}c_{ij}u_i)=0$，因为$v_1,\cdots,v_n$在$E$上线性无关，故$\sum_{i=1}^{m}c_{ij}u_i=0$（对任意$j$），由此又可知$c_{ij}=0$(对任意$i,j$)．再证明每个$\alpha\in K$可表为它们的线性组合：首先，$\alpha\in K$可表为$\alpha=\sum_{j=1}^{n}b_jv_j$，其中$b_j\in E$；而$b_j$又可表为$b_j=\sum_{i=1}^{m}c_{ij}u_i,c_{ij}\in F$，所以

$$\alpha=\sum_{j=1}^{n}b_jv_j=\sum_{j=1}^{n}\sum_{i=1}^{m}c_{ij}u_iv_j.$$

特别这个定理说明了，子域E的次数$[E:F]$是扩域次数$[K:F]$的因子．

3.4　再解古希腊名题

有了域扩张的知识后，再看古希腊尺规作

图的一些名题,就清晰简单了．我们先看一个推论,再重看古希腊各问题．由2.6节的定理2知道,若数 x 可构作,则 x 属于某二次扩张塔．由定理4知道,二次扩张塔的扩张次数是2的幂．故有如下结果．

定理3.3 (1) 如果实数 x 由尺规可构作,则 x 属于有理数域 $\mathbb{Q}$ 的某 2^n 次扩张(n 为某非负整数).

(2) 如果基于实数 $a_1,\cdots,a_s$ 由尺规可构作出实数 x,则 x 属于 $F=\mathbb{Q}(a_1,\cdots,a_s)$ 的某 2^n 次扩张(n 为某非负整数).

(3) 如果基于复数 $z_1,\cdots,z_t$ 由尺规可构作出复数 z,则 z 属于 $F=\mathbb{Q}(z_1,\cdots,z_t,\bar{z}_1,\cdots,\bar{z}_t)$ 的某 2^n 次扩张(n 为某非负整数).

说明 在某种意义上,定理3.3中的条件也是充分的(即: x 由尺规可构作当且仅当 x 属于 $\mathbb{Q}$ 的某 2^n 次伽罗瓦扩张等). 充分性的证明需要用到"伽罗瓦"理论和"可解群"的知识,我们将其推迟到第5章5.4节定理5.7,再详细叙述,并加以证明．

(1) **立方倍积问题** 问题归结为作出 $f(x)=x^3-2$ 的根 α(即用尺规作出线段长 α). 注意

$\mathbb{Q}(\alpha)$是$\mathbb{Q}$的3次扩张(因为x^3-2不可约,否则应有有理数根,不可能). 假若α是可构作数,则α应属于$\mathbb{Q}$的某2^n次扩张$\mathbb{Q}_n$,于是$\mathbb{Q}\subset\mathbb{Q}(\alpha)\subset\mathbb{Q}_n$. 则3整除$2^n$,故不可能.

(2) **三等分角问题** 要用尺规三等分60度的角φ,需构作$y^3-3y-1=0$的根α. 注意y^3-3y-1是不可约多项式,所以$\mathbb{Q}(\alpha)$是$\mathbb{Q}$的3次扩张. 于是与上述立方倍积问题同样可知α不可构作.

(3) **化圆为方问题** 问题就是用尺规构作$\sqrt{\pi}$,归结为构作π,这要求π属于$\mathbb{Q}$的某2^n次扩张. 我们将证明π为超越数(即不属于$\mathbb{Q}$的任何有限扩张),从而知化圆为方不可能.

3.5 正多边形作图问题

正多边形的作图问题,是古希腊人关心的主要问题之一. 古希腊人早就知道正3,4,5,15边形(从而6,8,10,12,16边形)的作法. 他们长期寻求边数为7,11,13,17等的正多边形的作法.

图 3.4　正多边形和星形问题
（古希腊铸铜器）

在取定坐标系的平面上，作单位圆（即原点为圆心，半径为 1 的圆）．如果能在单位圆上作出 n 个点 $P_0, P_1, \cdots, P_{n-1}$ 使它们 n 等分单位圆，将这些点依次连接起来，就得到正 n 边形 $P_0P_1\cdots P_{n-1}$．所以，作"正 n 边形"问题，实际上就是"n 等分圆"问题．记点(1,0)为 P_0，关键是作出第一个分点 P_1．将平面视为复平面，也就是说，将点(a,b)与复数 $a+b\mathrm{i}$ 对应（可视为等同）．则所求点 P_1 应当对应于复数

$$\zeta_n = \mathrm{e}^{2\pi\mathrm{i}/n} = \cos 2\pi/n + \mathrm{i}\sin 2\pi/n.$$

（它的幅角为 $2\pi/n$，模长是 1）．显然 P_k 的幅角

为 $2k\pi/n$,故 P_k 对应于复数 $\zeta_n^k = e^{2k\pi i/n}$. 所以 $P_0, P_1, \cdots, P_{n-1}$对应于 n 个复数

$$\zeta_n^0, \quad \zeta_n^1, \quad \cdots, \quad \zeta_n^{n-1},$$

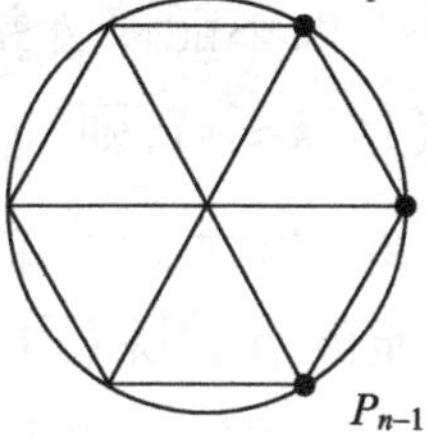

图 3.5　正 n 边形与 n 等分圆

故正 n 边形作图就归结为作出复数 $\zeta_n = e^{2\pi i/n}$. ζ_n 称为 n 次**本原单位根**,是 $x^n - 1$ 的根.

当 $n = p$ 为素数时,

$$x^p - 1 = (x-1)(x^{p-1} + x^{p-2} + \cdots + x + 1).$$

我们要证明,多项式 $f(x) = x^{p-1} + x^{p-2} + \cdots + x + 1$ 在$\mathbb{Q}$上是不可约的. 为此,先证明非常著名的**艾森斯坦(Eisenstein)判别法**:

定理 3.4　设 $f(x) = a_n x^n + a_{n-1} x^{n-1} + \cdots + a_1 x + a_0$ 是整系数多项式,p 为一素数. 如果 p 不能整除 a_n,而 p 能整除 $a_{n-1}, a_{n-2}, \cdots, a_1, a_0$,且 p^2 不能整除 a_0,则 $f(x)$不可约(即不能分解为次数更低的整系数多项式之积).

证明 用反证法. 如果 $f(x)$ 可分解为 $f(x)=g(x)h(x)$, 记 $g(x)=g_sx^s+\cdots+g_0$, $h(x)=h_tx^t+\cdots+h_0$. 因为 $a_0=g_0h_0$ 可被 p 整除而不可被 p^2 整除, 所以 g_0 和 h_0 必只有其一可被 p 整除, 设为 g_0. 设不能被 p 整除的 $g(x)$ 的最低次系数是 $g_k(1\leqslant k\leqslant s)$, 则

$$a_k=g_kh_0+g_{k-1}h_1+\cdots+g_0h_k,$$

只有第一项 g_kh_0 不能被 p 整除(因 $g_{k-1},\cdots,g_0$ 均可被 p 整除), 故 a_k 不能被 p 整除, 矛盾.

推论 1 对任意素数 p, 多项式 $f(x)=x^{p-1}+x^{p-2}+\cdots+x+1$ 在$\mathbb{Q}$上不可约.

证明 记 $x=y+1$, 则

$$f(x)=\frac{x^p-1}{x-1}=\frac{(y+1)^p-1}{y}$$

$$=y^{p-1}+py^{p-2}+\cdots+C_p^ky^{k-1}+\cdots+p,$$

其中 $C_p^k=\dfrac{p(p-1)\cdots(p-k+1)}{k!}$是整数, 而且是 p 的倍数$(1\leqslant k\leqslant p-1)$, 因为它分子上的素数 p 大于分母 $k!$ 的因子. 由艾森斯坦的判别法, 可知 $y^{p-1}+py^{p-2}+\cdots+C_p^ky^{k-1}+\cdots+p$ 不可约. 即知 $f(x)$ 也不可约.

定理 3.5 (1) 正 p (素数)边形可由尺规作出的充分必要条件是: p 为费马素数, 即

$$p = 2^{2^k} + 1 \quad (k\text{ 为非负整数}).$$

(2) 正 n 边形可由尺规作出的充分必要条件是

$$n = 2^a p_1 p_2 \cdots p_r,$$

其中 $p_i = 2^{2^{k_i}} + 1$ 是费马素数，r, a, k_i 为任意非负整数($i = 1, \cdots, r$).

简而言之，正 n 边形可作出当且仅当 n 是不同的费马素数和 2 的幂之积.

例如，当 $k=0,1,2,3,4$ 时，可得 5 个费马素数为

$$p = 3, 5, 17, 257, 65537.$$

所以，以此 5 素数为边数的正多边形均可以尺规作出. 将这些费马素数和 2 的幂相乘，得到 n 为如下数时，正 n 边形均可尺规作出：

$$n = 3, 4, 5, 6, 8, 10, 12, 15, 16, 17, 20\text{ 等}.$$

但是，正 7, 9, 11, 13, 14 边形不可能用尺规作出.

证明 (1) 我们已看到，正 p 边形作图归结为作出复数 $\zeta_p = e^{2\pi i/p}$，而这又归结为 ζ_p 属于$\mathbb{Q}$ 的某 2^m 次扩张 E，也就是$\mathbb{Q} \subset \mathbb{Q}(\zeta_p) \subset E$. 故$[\mathbb{Q}(\zeta_p) : \mathbb{Q}]$是$[E : \mathbb{Q}] = 2^m$的因子. 因为 ζ_p 是不可约多项式 $f(x) = x^{p-1} + x^{p-2} + \cdots + x +$

1 的根．所以$[\mathbb{Q}(\zeta_p):\mathbb{Q}]=p-1$. 即知 $p-1$ 是 2^m 的因子，故 $p-1=2^b$，即 $p=2^b+1$(对某正整数 b). 如果 b 不是 2 的幂，则 b 有奇数因子，可设 $b=st$，其中 $t\neq 1$ 是奇数，于是

$$\begin{aligned} p &= (2^s)^t+1 \\ &= (2^s+1)(2^{s(t-1)}-2^{s(t-2)}+\cdots+2^s+1), \end{aligned}$$

p 就不是素数了．所以 b 是 2 的幂，$p=2^{2^k}+1$.

反之，如果素数 $p=2^{2^k}+1$，则$[\mathbb{Q}(\zeta_p):\mathbb{Q}]=p-1=2^{2^k}$．这说明 ζ_p 可由尺规作出．从而可作出 $\zeta_p^1,\zeta_p^2,\cdots,\zeta_p^{p-1}$，即可将单位圆 p 等分，于是作出正 p 边形．(将以正 17 边形为例，具体给出作图方法．)

(2) 我们知道，正 n 边形作图归结为作出 $\zeta_n=e^{2\pi i/n}$，这又归结为 ζ_n 属于某 2^m 次扩张 $E/\mathbb{Q}$，即$\mathbb{Q}\subset\mathbb{Q}(\zeta_n)\subset E$. 故$[\mathbb{Q}(\zeta_n):\mathbb{Q}]$是 2^m 的因子．可以证明(见 4.6 节定理 1。现在先引用)，

$$[\mathbb{Q}(\zeta_n):\mathbb{Q}]=\varphi(n),$$

其中 $\varphi(n)$是与 n 互素的满足 $1\leqslant k<n$ 的整数 k 的个数($\varphi(n)$称为**欧拉函数**)，而且若

$$n=2^a p_1^{a_1}\cdots p_r^{a_r}\quad(p_1,\cdots,p_r \text{ 为奇素数}),$$

则

$$\varphi(n)=2^{a-1}p_1^{a_1-1}\cdots p_r^{a_r-1}(p_1-1)\cdots(p_r-1).$$

所以，正 n 边形可作出当且仅当 $\varphi(n)=2^s$(对某

正整数s),这相当于$a_1=\cdots=a_r=1$且$p_1,\cdots,p_r$为费马素数．证毕．

形如$p=2^{2^n}+1$的素数,之所以称为**费马素数**(Fermat prime),是因为费马曾猜测$2^{2^n}+1$对任意n都是素数．这是费马众多猜想中唯一的错误猜想.欧拉发现$n=5$时,$2^{2^n}+1=2^{32}+1$就不是素数．我们可以简洁的证明$2^{32}+1$不是素数如下：

注意,$641=2^6\times10+1=2^7\times5+1$,故

$$\begin{aligned}2^{32}&=(2^7)^4\times2^4=(2^7)^4\times(641-625)\\&=(2^7)^4\times641-(2^7)^4\times5^4\\&=(2^7)^4\times641-(641-1)^4.\end{aligned}$$

所以$2^{32}+1$是641的倍数,当然就不是素数了.

首先发现正17边形作法的是18岁的高斯(Karl Friedrich Gauss,公元1777～1855年).高斯出身贫寒,祖父是农民,父亲是杂工,母亲在34岁才结婚,是石匠的女儿．高斯小时家里很穷．幸得算术老师和费迪南公爵的帮助．高斯1795年到哥廷根(Gottingen)去念大学.但他多才多艺,兴趣广泛,不知学习哪个专业．18岁时,他发现了正17边形的尺规作图方法．这个2000年没人发现的秘密的成功揭示,确实激动人心．这促使高斯下了最后的决心,一生致

力于数学．高斯也发现 257 边和 65537 边的正多边形可以尺规作出，并证明了素数中只有 $p=2^{2^k}+1$ 时正 p 边形是可以尺规作出的．

图 3.6　高斯

高斯"关于正十七边形作图问题"的论文于 1796 年在期刊上发表．高斯一生辉煌的数学成就很多，但对这个决定他人生道路选择的少年时代的成果，他显然视非寻常：他嘱咐将正十七边形刻在他的墓碑上．后来高斯的纪念碑确实刻上了一个正十七边形（严格说来是颗正十七角星．因为刻碑的雕刻家觉得"只雕刻正十七边形，人们会以为是一个圆"．将正十七边形的顶点交互相连就成了一颗正十七角星）．

4 伽罗瓦理论与正多边形

为了证明化圆为方不可能，以及进一步讨论其它重要的古典问题，例如正多边形作图问题，5 次以上方程无根式解问题，需要进一步了解一些域的理论，特别是伽罗瓦理论. 这些理论也是现代代数学的基础.

4.1 域的(自)同构

读者可能已熟悉以下事实：

(1) 每个复系数 n 次多项式在复数域$\mathbb{C}$中有 n 个根(代数学基本定理).

(2) 数域上的多项式可以分解为不可约多项式之积，而且分解方式是唯一的.

这里对这两点就不作证明了. 有兴趣的读者可参见作者所写《高等代数学》.

复数域$\mathbb{C}$的一个子集合,如果对加减乘除封闭,就称为数域.

数域的内部结构关系取决于它的加法和乘法运算(减法和除法是它们的逆运算). 设E和K是两个数域,并设二者间有着一一对应关系(也称为双射):

$$\sigma: E \to K$$

(也就是说,每个$\alpha \in E$都对应着唯一的一个$\sigma(\alpha) \in K$,而且当$\alpha_1 \neq \alpha_2$时$\sigma(\alpha_1) \neq \sigma(\alpha_2)$,并且对任一$\beta \in K$,一定有某个$\alpha \in E$使得$\sigma(\alpha) = \beta$). 如果一一对应$\sigma$保持加法和乘法,即

$$\sigma(\alpha_1 + \alpha_2) = \sigma(\alpha_1) + \sigma(\alpha_2),$$
$$\sigma(\alpha_1 \alpha_2) = \sigma(\alpha_1)\sigma(\alpha_2)$$

(对任意$\alpha_1, \alpha_2 \in E$),则称σ是E到K的**同构映射**,称域E和K是**同构**的. 注意此时一定有

$$\sigma(0) = 0, \qquad \sigma(1) = 1,$$

这是因为,$\sigma(1) = \sigma(0+1) = \sigma(0) + \sigma(1)$,$\sigma(1) = \sigma(1 \times 1) = \sigma(1)\sigma(1)$.

如果E和K都是F的扩域,同构映射$\sigma: E \to K$保持F中的元素不变(即对任意$c \in F$总有$\sigma(c) = c$),则称σ为在F**上的同构**(或F同构,F共轭),称E和K是在F**上同构**(或F同构,F共轭)的,称α和$\sigma(\alpha)$是F**共轭的**. 当

$K \subset M$时,同构映射 $\sigma: E \to K \subset M$ 也称为 E 到 M 的**嵌入**; 而 F 同构映射 $\sigma: E \to K$ 也称为 E 到 M 的 F **嵌入**.

域到自身的同构映射 $\sigma: E \to E$,称为**自同构**(映射). 这也就是说,σ 是 E 自身元素之间的一一对应而且保持加法和乘法. 设 E 是数域 F 的扩张(常以 E/F 记之),保持 F 的每个元素都不动的 F 的自同构(映射),称为 E 在 F **上的自同构**(映射),或 E/F 的自同构,或 E 的 F 自同构. E/F 的自同构全体记为$\mathrm{Gal}(E/F)$. 称为 E/F 的**自同构群**(automorphism group),或**伽罗瓦群**(Galois group).

例如,复数域$\mathbb{C}$ 有一个著名的自同构映射 σ,即复共轭映射,即

$\sigma: \mathbb{C} \to \mathbb{C}$, $\sigma(a+b\mathrm{i}) = a - b\mathrm{i}$ (a,b 为实数).

设 $\tau: F \to F'$为数域的同构,F_1 和 F'_1 分别是 F 和 F'的扩域,而 $\sigma: F_1 \to F'_1$ 是同构且满足

$$\sigma(c) = \tau(c) \qquad (\text{对任意 } c \in F),$$

则称 σ 是 τ 的到 F_1 的**延拓**(extension),而称 τ 是 σ 到 F 的**限制**(restriction).

定理 4.1 (1) 设 $\tau: F \to F'$是数域的同构映射. 考虑扩张 $E \supset F(\alpha) \supset F$,设 α 在 F 上的最小

多项式为 $g(x)=\sum_{i=0}^{m}c_ix^i$. 若 $g'(x)=\sum_{i=0}^{m}\tau(c_i)x^i$ 有 d 个不同的根 α_i 属于扩域 E'/F',则 τ 可延拓为 d 个 $F(\alpha)$ 到 E' 中的嵌入 $\lambda_i: \alpha\mapsto\alpha_i(1\leqslant i\leqslant d)$.

(2) 设 E/F 是数域的 n 次扩张,则 F 到复数域$\mathbb{C}$ 的每个嵌入 τ 恰可延拓为 n 个 E 到$\mathbb{C}$ 的不同嵌入.

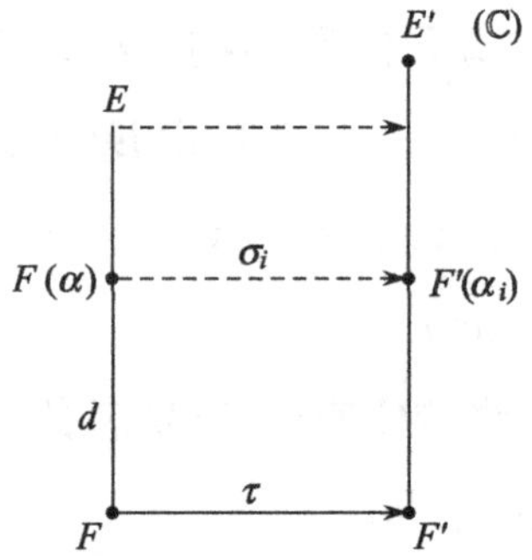

图 4.1　域的嵌入的延拓

(3) 设 E/F 是数域的 n 次扩张,则 E 到$\mathbb{C}$ 恰有 n 个不同的 F 嵌入.

证明　(1)设 $g'(x)$在 E' 中有 d 个不同的根 $\alpha_1,\alpha_2,\cdots,\alpha_d$. 注意 $F(\alpha)$ 的元素均形如 $h(\alpha)=\sum_j b_j\alpha^j$, 其中 $b_j\in F$. 将 α 对应到任一根 α_i(同时 $c\in F$ 对应到$\tau(c)$),即令

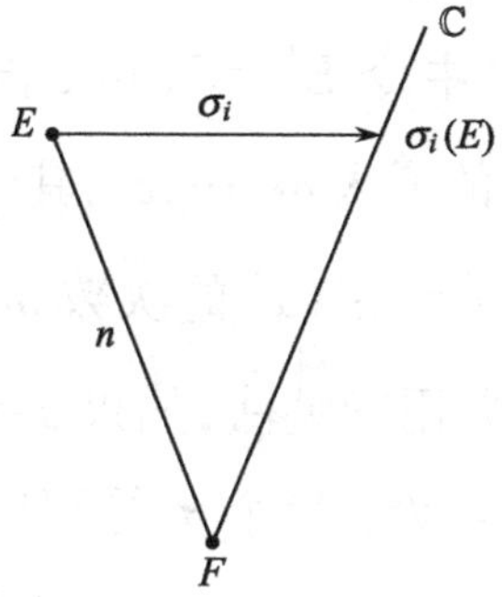

图 4.2　域的嵌入

$$\sigma_i(h(\alpha)) = \sum_j \tau(b_j)\alpha_i^j,$$

我们就得映射

$$\sigma_i: F(\alpha) \to F(\alpha_i) \subset E' \quad (i = 1, \cdots, n).$$

容易验证 σ_i 是同构映射，而且对 $c \in F$，有 $\sigma(c)=\tau(c)$. 这就得到 d 个不同的 τ 的延拓 $\sigma_1, \cdots, \sigma_d$，均是$F(\alpha)$到 E'中的嵌入.

反之，设 σ 是 τ 所延拓的 $F(\alpha)$到 E'中的嵌入，则由

$$0 = g(\alpha) = \sum_{i=0}^{m} c_i\alpha^i$$

知道

$$0 = \sigma(g(\alpha)) = \sum_{i=0}^{m} \tau(c_i)(\sigma\alpha)^i = g'(\sigma\alpha),$$

即知 $\sigma(\alpha) \in E'$是 $g'(x)$的根. 因此必然 $\sigma(\alpha) =$

α_i(某$1\leqslant i\leqslant d$),故 $\sigma=\sigma_i$. 证毕.

(2) 在(1)中令 $E'=\mathbb{C}$,知 τ 恰可延拓为 d 个$F(\alpha)$到$\mathbb{C}$中的嵌入 $\sigma_1,\cdots,\sigma_d$,其中 $d=$($g'(x)$的复数根个数)$=$($g'(x)$的次数 m)$=[F(\alpha):F]$. 对扩域次数用归纳法,如果 $s=[E:F(\alpha)]<n$,由归纳法可设:每个 σ_i 恰可以延拓为 s 个 E 到$\mathbb{C}$的不同嵌入 $\sigma_{i1},\cdots,\sigma_{is}$. 于是得到 $ds=n$ 个 E 到$\mathbb{C}$的嵌入($1\leqslant i\leqslant d$),都是 τ 的延拓. 易知这就是所有可能的延拓.

(3) 在(2)中令 $\tau=1$(恒等映射)即得.

设 $f(x)$是数域 F 上的(即系数属于 F 的)一个 n 次多项式:

$$f(x)=a_nx^n+a_{n-1}x^{n-1}+\cdots+a_1x+a_0,$$
$$(a_0,\cdots,a_n\in F),$$

其 n 个复数根是$\alpha_1,\cdots,\alpha_n$. 于是 $f(x)$完全分解(分裂)为一次因子的乘积:

$$f(x)=a_n(x-\alpha_1)(x-\alpha_2)\cdots(x-\alpha_n).$$

包含 $f(x)$的所有复根 $\alpha_1,\cdots,\alpha_n$ 的 F 的最小的扩域就是

$$E=F(\alpha_1,\cdots,\alpha_n)=F(\alpha_1)\cdots F(\alpha_n),$$

E 称为 $f(x)$的分裂域. 意思是说,E 是使 $f(x)$分裂(即分解为一次因子之积)的最小的域. 分

裂域的次数

$$s=[E:F]\leqslant n!,$$

这是因为$[F(\alpha_1):F]\leqslant n$(等号当$f(x)$不可约时成立),$[F(\alpha_1,\alpha_2):F(\alpha_1)]\leqslant(n-1)$等.

将定理 4.1 用到 E 和 E' 都是分裂域的情形,则有如下定理.

定理 4.2 (1)设 $\tau: F\to F'$ 是数域的同构映射, $f(x)=\sum_{i=0}^{n}b_ix^i$, $f'(x)=\sum_{i=0}^{n}\tau(b_i)x^i$(这里 $b_i\in F$, $b_n=1$, $n>1$),而 E 和 E' 分别是 $f(x)$ 和 $f'(x)$ 在 F 和 F' 上的分裂域. 若 $f'(x)$ 的复根互异,则 τ 恰可延拓为 $s=[E:F]$ 个 E 到 E' 的同构映射.

(2) 设 E 是 $f(x)$ 在数域 F 上的分裂域,若 $f(x)$ 的复根互异,则 E/F 恰有 $s=[E:F]$ 个自同构映射(即 E 到自身的 F 同构映射).

证明 只需证明(1),然后令 $F=F'$, $\tau=1$,则 $f(x)=f'(x)$, $E=E'$,即得(2). 为了证明(1),我们对扩张次数 s 使用归纳法. $s=1$ 的情况很显然. 现在设对于扩张次数大于 1 而小于 s 的情况定理正确,考虑次数$[E:F]=s$ 的情况. 可设 $f(x)$ 有不可约因子 $g(x)=$

$\sum_{i=0}^{m} c_i x^i$(次数 >1). 则 $g'(x)=\sum_{i=0}^{m}\tau(c_i)x^i$ 是 $f'(x)$ 的因子. 故可设 $f(x)$, $g(x)$(和 $f'(x)$, $g'(x)$) 在 E(和 E') 的根分别为 $\{\alpha_1,\cdots,\alpha_n\}$, $\{\alpha_1,\cdots,\alpha_m\}$(和 $\{\alpha'_1,\cdots,\alpha'_n\}$, $\{\alpha'_1,\cdots,\alpha'_m\}$). 因为 $g(x)$ 不可约,故 $[F(\alpha_1):F]=m$. 因 $f'(x)$ 的复根互异,故 $g'(x)$ 的复根互异(都在分裂域 E' 中),由定理 4.1(1) 知 τ 恰延拓为 m 个 $F(\alpha_1)$ 到 E' 的嵌入 $\sigma_1,\cdots,\sigma_m$,其中 $\sigma_i(\alpha_1)=\alpha'_i$.

现在显然 E 和 E' 也分别是 $f(x)$ 和 $f'(x)$ 在 $F(\alpha_1)$ 和 $F'(\sigma_i\alpha_1)$ 上的分裂域($i=1,\cdots,m$), 因 $t=[E:F(\alpha_1)]=s/m<s$,故由归纳法假设, σ_i 恰可延拓为 t 个 E 与 E' 的同构映射 $\sigma_{i1},\cdots,\sigma_{it}$. 于是得到 τ 所延拓的 s 个 E 到 E' 的同构映射 $\{\sigma_{ij}\}(i=1,\cdots,m;j=1,2,\cdots,t)$.

反之,容易看出,τ 所延拓的任一个 E 到 E' 的同构 σ,限制到 $F(\alpha_1)$ 上即为 $F(\alpha_1)$ 到 E' 的嵌入,必是 $\sigma_1,\sigma_2,\cdots,\sigma_m$ 之一. 即知 σ 是上述 $\{\sigma_{ij}\}$ 之一. 证毕.

多项式 $f(x)$的分裂域 E/F 的 $s=[E:F]$ 个自同构双射全体,记为 $\mathrm{Gal}(E/F)$. 它的结构和性质是解决 5 次以上方程根式解、正多边形作图等许多问题的关键. 这就是伽罗瓦(Galois)的群的理论,Gal(E/F)是一个群.

4.2 群

群,是数学史上诞生的最重要的概念. 它的诞生开启了数学的现代化进程,是现代数学的标志. 群的概念萌芽于19世纪初期. 人类最早接触到的是被称为“置换群”的概念,就是讨论一个有限集合到自身的映射全体. 这是在拉格朗日(Lagrange),鲁菲尼(Ruffini)等对方程的根的置换和予解式研究中用到的. 这个思路发展为伽罗瓦辉煌的成功. 群的另一个源头是空间中的刚体运动群(或称变换群),每个运动(旋转、反射平移)是群中一个元素,相继运动就是元素相乘. 这由欧拉(Euler)最早注意到,而由若尔当(Jordan)系统研究.

1870年开始,抽象群的概念逐步发展起来:克罗内克尔(Kronecker,1870)给出抽象阿贝尔群的定义,外伯尔(Weber)对有限(1882)和无限(1893)抽象群分别给出了定义. 1872年,“正当群论在侵入数学的几乎所有领域,一些数学家开始感到整个数学不是别的,只不过是群论的某些部分的时候”(H. Eves在数学史引论中语),克莱因(F. Klein)宣布了他著名的“爱尔兰根纲领(Erlanger Programm)”,把每一种几何学都归结为一个集合在某个变换群作用下的不变量理论.

一个**群**(group),就是一个集合 G,它的元素之间有一个二元运算 $*$(就是一个对应规则,把 G 中任意两个元素 a, b,对应到 G 中的一个元素 c,记为 $a*b=c$),且满足以下 4 个条件(对任意 $a,b,c\in G$):

(1) **封闭性**,即 $a*b\in G$;

(2) **结合律**,即 $a*(b*c)=(a*b)*c$;

(3) 存在 $e\in G$ 使得 $e*a=a*e=a$; (e 称为**单位元**或**恒元**.)

(4) 对任意 $a\in G$ 存在 $a'\in G$ 使 $a'*a=a*a'=e$. (a'称为 a 的**逆(元)**.)

此群记为$(G, *)$ 或 G.

如果群$(G, *)$还进一步满足**交换律**,即 $a*b=b*a$(对任意 $a,b\in G$ 成立),则称为**阿贝尔(Abel)群**,或交换群.

注意,G 中的元素不一定是数,运算 $*$ 可以是满足上述 4 个条件的任何对应规则(不一定是数之间的运算). 但为了说话方便,经常(如果没有别的特别说明)就称运算 $*$ 为乘法,称 $a*b$ 为 a,b 的乘积,常记 $*$ 为 $\cdot$ (或省略),并常记 e 为 1,记 a' 为 a^{-1}. 记 $a*a=a^2$ 等. 当运算 $*$ 被看作乘法(或真是乘法)的时候,就称 $(G,*)$ 为乘法群.

如果 $(G,*)$ 是阿贝尔群,有的时候,将其运算符号 $*$ 写为加号 $+$,运算称为加法,群 $(G,+)$ 称为加法群. 此时单位元 e 写为 0,称为零元;a 的逆元写为 $-a$,称为 a 的负元. 并记 $a+a=2a$ 等.

群 G 的元素个数 $\# G=|G|$ 称为群 G 的阶(order). 对 $a\in G$,如果 $a^m=1$ 而 $a^k\neq 1$(当 $1\leqslant k<m$ 时),则称 a 的阶为 m. 可以证明,m 必是 $|G|$ 的因子.

如果任一元素 $a\in G$ 可表示为 $a_1,a_2,\cdots,a_n\in G$ 及其逆的乘积(有限步),则 $a_1,a_2,\cdots,a_n$ 称为 G 的**生成元**,或者说 G 是由 $a_1,a_2,\cdots,a_n$ 生成的,记为

$$G=\langle a_1,a_2,\cdots,a_n\rangle.$$

由一个元素生成的群 $G=\langle a\rangle$ 称为**循环群**,它就是 a 的幂的全体,所以一定是阿贝尔群.

例如 $(\mathbb{Z},+)$,$(\mathbb{Q},+)$,$(\mathbb{R},+)$,$(\mathbb{C},+)$ 均为加法群. 对域 F,以 F^* 记 F 中的非 0 元全体.

于是$(\mathbb{Q}^*, \cdot)$,$(\mathbb{R}^*, \cdot)$,$(\mathbb{C}^*, \cdot)$都是乘法群.再如n次单位根全体

$$W_n = \{1, \zeta_n, \cdots, \zeta_n^k, \cdots, \zeta_n^{n-1}\}$$

是一个乘法群. 这些都是阿贝尔群. W_n是一个循环群,由ζ_n生成,也由任意一个ζ_n^k(这里k与n互素)生成. 如果群$(G, *)$的一个子集合H对原来的运算$*$仍然构成群,则$(H, *)$称为$(G, *)$的**子群**. 循环群的子群也必是循环群.

置换群是最著名的(也是最早发现的)群.设$S=\{\alpha_1, \cdots, \alpha_n\}$是$n$个互异字母$\alpha_i$(或者认为是任何互异的事物、数字)构成的集合. 设φ是S到自身的一个一一对应(或称双射),也就是$\alpha_1, \cdots, \alpha_n$之间的位置的一次调换,$\varphi$被称为一个**置换**. 置换全体记为$S_n$,共$n!$个置换,构成一个乘法群,称为$n$级**全置换群**或**对称群**(两个映射$\varphi, \psi$的乘积定义为复合映射$\varphi\psi = \varphi \circ \psi$,即$(\varphi\psi)(\alpha)=\varphi(\psi(\alpha))$,单位元是恒等映射).

为了明确写出置换映射,常用到如下记号:

$$(abc\cdots z)$$

这个记号表示一个置换(称为一个**循环**),它把a映射到b,把b映射到c,…,把z映射到a,而保持其它(未出现在$(abc\cdots z)$中)的元素不动. 容易证明,任意一个置换可以写为若干个循环的

乘积,而且各循环中的元素互异.

例如 $n=3$ 时,3 级全置换群(对称群)S_3 共有 6 个元素(置换),可分别表示为

$$(1),(12),(13),(23),(123),(321).$$

其中(1)是恒等映射;(12)是将 1 和 2 对换(即 α_1,α_2 对换),保持 3 不变(即 α_3 不变)等. 注意,S_3 不再是阿贝尔群,例如(23)(123)=(13),而(123)(23)=(12).

可视 S_3 为正三角形 $P_1P_2P_3$ 的对称变换集. 变换(23)就是将 P_2 和 P_3 对换,P_1 不动—即是以过 P_1 的高为对称轴作反射变换. 变换(123)即是将$\triangle P_1P_2P_3$ 顺时针旋转 60°角. 可以看到先旋转再反射不同于先反射再旋转.

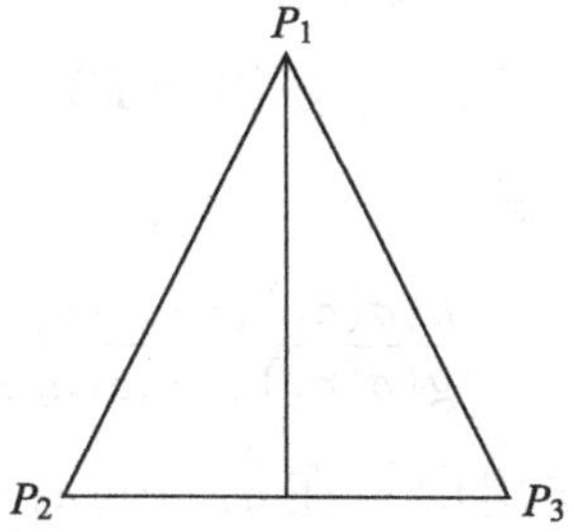

图 4.3　S_3 是正三角形的对称变换集

当 $n=4$ 时,S_4 共有 $4!=24$ 个元素,以 S_3 为子群(即保持 4 不变的元素集). 故

$$S_4 = S_3C_4 = \{\varphi\psi \mid \varphi \in S_3, \psi \in C_4\},$$

其中 C_4 是(1234)生成的循环子群,即{(1),(1234),$(1234)^2$,$(1234)^3$},注意$(1234)^2=(13)(24)$,$(1234)^3=(4321)$.

按上述,设 $f(x)$是数域 F 上 n 次多项式,其分裂域为

$$E = F(\alpha_1, \cdots, \alpha_n),$$

E/F 的自同构全体记为 $\mathrm{Gal}(E/F)$. 容易验证 $\mathrm{Gal}(E/F)$是一个群,运算是映射的复合(也称为乘积),单位元是恒等映射,逆元是逆映射. 注意 $E=F(\alpha_1,\cdots,\alpha_n)$的每个元素 α 是 $\alpha_1,\cdots,\alpha_n$ 的有理式

$$\alpha = \frac{h(\alpha_1, \cdots, \alpha_n)}{g(\alpha_1, \cdots, \alpha_n)},$$

其中 h,g 是多项式(系数属于 F). 而对 $\mathrm{Gal}(E/F)$中的元素 σ 有

$$\sigma(\alpha) = \frac{h(\sigma(\alpha_1), \cdots, \sigma(\alpha_n))}{g(\sigma(\alpha_1), \cdots, \sigma(\alpha_n))},$$

σ 在 E 上的作用由 σ 在 $\alpha_1,\cdots,\alpha_n$ 上的作用决定. 因为 $\sigma(\alpha_i)$仍然是 $f(x)$的根,即 $\sigma(\alpha_i)=\alpha_j$(某 j),所以 σ 引起$\{\alpha_1,\cdots,\alpha_n\}$的一个置换. 也就是说,$\mathrm{Gal}(E/F)$实际上是 $f(x)$的复根集合 $\mathrm{S}(f)=\{\alpha_1,\cdots,\alpha_n\}$的置换群的一个子群. 此群

称为f 的**伽罗瓦群**.

例如,二次域 $E=\mathbb{Q}(\sqrt{3})$是 $f(x)=x^2-3$ 在 $F=\mathbb{Q}$ 上的分裂域,$\alpha_1=\sqrt{3}$,$\alpha_2=-\sqrt{3}$.

$$\mathrm{Gal}(E/F)=\{1,\sigma\},$$

其中 1 是恒等映射,而 $\sigma(\sqrt{3})=-\sqrt{3}$,即 $\sigma(a+b\sqrt{3})=a-b\sqrt{3}(a,b\in\mathbb{Q})$. 所以可以认为

$$\mathrm{Gal}(E/F)=\{1,(12)\}.$$

再如,四次域 $E=\mathbb{Q}(\sqrt{3},\sqrt{5})$是 $f(x)=(x^2-3)(x^2-5)$在 $F=\mathbb{Q}$ 上的分裂域,$\alpha_1=\sqrt{3}$,$\alpha_2=-\sqrt{3}$,$\alpha_3=\sqrt{5}$,$\alpha_4=-\sqrt{-5}$. 则

$$\mathrm{Gal}(E/F)=\{1,\sigma,\rho,\sigma\rho\},$$

其中 $\sigma(\sqrt{3})=-\sqrt{3}$,$\sigma(\sqrt{5})=\sqrt{5}$; $\rho(\sqrt{5})=-\sqrt{5}$,$\rho(\sqrt{3})=\sqrt{3}$. 即是说,$\sigma=(12)$,$\rho=(34)$. 故

$$\mathrm{Gal}(E/F)=\{1,(12),(34),(12)(34)\}.$$

注意 S_4 共有 $4!=24$ 个元素,所以 $\mathrm{Gal}(E/F)$只是 S_4 的子群,而不是 S_4 全部. 例如 S_4 中的元素 $\theta=(13)$就不属于 $\mathrm{Gal}(E/F)$,不是 E/F 的自同构映射. 事实上,按我们上述记号,θ 的作用应当是$\theta(\sqrt{3})=\sqrt{5}$,于是

$$\theta(3)=\theta(\sqrt{3}^2)=\theta(\sqrt{3})^2=(\sqrt{5})^2=5.$$

所以 θ 改变了 $F=\mathbb{Q}$ 中的元素,所以不是 E/F

的自同构映射.

4.3 正规扩域

首先回顾分裂域. 设 $f(x)$是数域 F 上的 n 次多项式,包含 $f(x)$的所有复根 $\alpha_1,\cdots,\alpha_n$ 的最小的 F 的扩域 $E=F(\alpha_1,\cdots,\alpha_n)$称为 $f(x)$的分裂域. 其次数$[E:F]\leqslant n!$. E/F 的 F 自同构 σ 将 $f(x)$的根置换,其全体 $\mathrm{Gal}(E/F)$称为**伽罗瓦群**,可看作是$\{\alpha_1,\cdots,\alpha_n\}$的对称群 S_n 的一个子群. 而且由定理 4.2(2),若 $f(x)$的复根互异,则其分裂域的伽罗瓦群 $\mathrm{Gal}(E/F)$的元素个数(即群的阶)为$\#\mathrm{Gal}(E/F)=[E:F]\leqslant n!$

对于任意扩张 E/F,以 $\mathrm{Gal}(E/F)$记 E/F 的自同构全体,即 E 的 F 自同构全体. 很容易验证$\mathrm{Gal}(E/F)$是群,也称为 E/F 的自同构群或伽罗瓦群. 但 $\mathrm{Gal}(E/F)$的阶一般小于$[E:F]$.

具有如下性质的数域扩张 E/F,称为**正规扩张**(normal extension),或**伽罗瓦扩张**:“对于 F 上的任意 n 次不可约多项式 $g(x)$,若 $g(x)$在 E 中有根,则 $g(x)$在 E 中有 n 个根”.

定理 4.3 对有限次数域扩张 E/F,以下条件是等价的：

(1) E/F 是正规扩张.

(2) E/F 是分裂域,即 E 是 F 上某多项式 $f(x)$的分裂域.

(3) F 是 $\mathrm{G}=\mathrm{Gal}(E/F)$的固定域,这里 $\mathrm{G}=\mathrm{Gal}(E/F)$是 E 的 F 自同构全体. 亦即

$$F=\mathrm{inv}(G)=\{\alpha\in E\mid \sigma\alpha=\alpha,\sigma\in G\}.$$

(4) E 的 F 共轭都是自同构,即 E 到$\mathbb{C}$ 的任意 F 嵌入σ 必使$\sigma(E)=E$(即对任意 $\alpha\in E$ 必有 $\sigma(\alpha)\in E$).

证明 (1)推导(2)：我们可以将 E 中的元素$\alpha_1,\alpha_2,\cdots$逐步添加到 F 中. 因为 E/F 是有限次的,所以 $E=F(\alpha_1,\alpha_2,\cdots,\alpha_s)$. 设 α_i 在 F 上的最小多项式为 $f_i(x)$,则 $f_i(x)$的复数根全都在 E 中(因为 E/F 是正规的且 $f_i(x)$在 E 中有根). 所以 $f(x)=f_1(x)\cdots f_s(x)$的分裂域就是 E.

(2)推导(3)：设 E 是 $f(x)$的分裂域,$\mathrm{G}=\mathrm{Gal}(E/F)$, $F_1=\mathrm{inv}(G)$. 按 $\mathrm{Gal}(E/F)$和 $\mathrm{inv}(G)$的定义知$F\subset F_1$. 又按定义 G 的元素都保持 F_1 中元,故 $\mathrm{G}\subset\mathrm{Gal}(E/F_1)$,即知 $\mathrm{G}=\mathrm{Gal}(E/F_1)$. 因为 E 是 $f(x)$在 F 上的的分裂域,

故 $\# G = \# \mathrm{Gal}(E/F) = [E:F]$. 而 E 也是 $f(x)$ 在 F_1 上的的分裂域,故 $\# G = \# \mathrm{Gal}(E/F) = [E:F_1]$. 说明 $[E:F] = [E:F_1]$, $F = F_1$.

为了由(3)推导(1),需要下面引理.

阿廷(Artin)引理　设 $G = \{\varphi_1, \cdots, \varphi_n\}$ 是 E 的 n 个自同构组成的群, $F = \mathrm{inv}(G)$, 则 $[E:F] \leqslant n$.

证明如下:任取 $\alpha_1, \cdots, \alpha_m \in E$. 考虑线性方程组

$$\varphi_i(\alpha_1)x_1 + \varphi_i(\alpha_2)x_2 + \cdots + \varphi_i(\alpha_m)x_m = 0 \quad (1 \leqslant i \leqslant n).$$

当 $m > n$ 时,用消元法可知,此方程组有非零解. 故第一个方程(注意 $\varphi_1 = 1$)即说明 $\alpha_1, \cdots, \alpha_m$ 是线性相关的. 这说明 $[E:F] \leqslant n$. 阿廷引理得证.

现在由(3)推导(1):由阿廷引理知 E/F 是有限次扩张. 设 $f(x)$ 为 F 上的不可约多项式且有一根 α 在 E 中(可设 $f(x)$ 的首项系数为 1). 设 $G = \{\varphi_1, \varphi_2, \cdots, \varphi_n\}$, $\varphi_1 = 1$, 则 $\alpha_i = \varphi_i(\alpha) \in E$ 都是 $f(x)$ 的根($1 \leqslant i \leqslant n$). 故 $f_1(x) = (x - \alpha_1) \cdots (x - \alpha_n) = x^n + a_{n-1}x^{n-1} + \cdots + a_0$ 是 $f(x)$ 的因子. 注意任一同构 $\varphi \in G$ 将各个 $\alpha_i = \varphi_i(\alpha)$ 置换, 故 $\varphi f_1(x) = x^n + (\varphi a_{n-1})x^{n-1} + \cdots + (\varphi a_0) =$

$(x-\varphi\alpha_1)\cdots(x-\varphi\alpha_n)=f_1(x)$. 这说明 $a_i\in F$(对$0\leqslant i\leqslant n-1$),即 $f_1(x)$为 F 上的多项式. 因为$f(x)$不可约,故 $f(x)=f_1(x)$. 故 $f(x)$的根 $\alpha_i=\varphi_i(\alpha)$全部在 E 中. 说明 E/F 是正规扩张.

至于(4),我们已经看到 F 同构 φ 总是将 F 上多项式的根映成它的根,所以条件(4)相当于说 E 是 F 上多项式的分裂域. 证毕.

4.4 伽罗瓦理论

由上节关于有限扩张 E/F 的定理知道,以下三者是一致的: 是正规扩张,是分裂域,$F=\text{inv}\ \text{Gal}(E/F)$. 此时 E/F 称为伽罗瓦扩张(Galois extension).

定理 4.4(伽罗瓦基本定理) 设 E/F 是伽罗瓦扩张,$G=\text{Gal}(E/F)$为其伽罗瓦群. 则 G 的子群集合$\{H\}$与 E 的含 F 的子域集合$\{K\}$之间一一对应如下

$$\{H\}\underset{\psi}{\overset{\varphi}{\rightleftharpoons}}\{K\}$$

$$H\xrightarrow{\varphi}\text{Inv}(H)$$

$$\mathrm{Gal}(E/K) \xleftarrow[\psi]{} K$$

详言之,子群 H 对应着子域

$K(H) = \mathrm{Inv}(H) = \{\alpha \in E \mid \varphi\alpha = \alpha, \varphi \in H\}$

(即在 H 的元素作用下不变的 E 中元素全体);

子域 K 对应着子群

$H(K) = \mathrm{Gal}(E/K) = E/K$ 的伽罗瓦群

(即保持 K 中元不变的 E 的自同构集);而且 $K(H(K))=K$, $H(K(H))=H$,并有以下性质:

(1) $H_1 \supset H_2 \Leftrightarrow K(H_1) \subset K(H_2)$

(2) $\# H = [E : K(H)], [G : H] = [K(H) : F]$;

(3) K/F 是正规(伽罗瓦)扩张 $\Leftrightarrow H = H(K)$ 是 G 的正规子群. 此时 $\mathrm{Gal}(K/F) = G/H$.

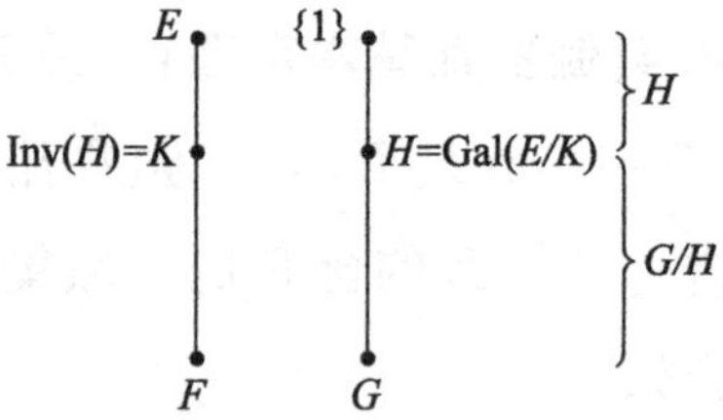

图 4.4 伽罗瓦对应

为理解定理的含义，需以下定义．设G为(乘法)群，H为其子群．称H为**正规子群**(normal subgroup)，是指

$$g^{-1}hg \in H \quad (\text{对任意 } g \in G, h \in H).$$

这也相当于

$$gH = Hg \quad (\text{对任意 } g \in G),$$

这里 gH 表示 gh 全体(对任意 $h \in H$)，而 Hg 表示hg 全体(对任意 $h \in H$)．

将G的元素对其子群H如下分类：

g_1 与 g_2 同类当且仅当 $g_2 \in g_1H$(即 $g_1^{-1}g_2 \in H$)．

每个这样的类可写为 gH，称为一个“模 H 同余类”或 一个“H 的左陪集”，常记为 $\bar{g} = gH$．于是G被划分成为H的左陪集的并：

$$G = \bigcup_i g_iH$$

(一般取 $g_1 = 1$)．当G的元素个数有限时，每个左陪集 gH 与 H 的元素个数是相等的．这是因为 H 到 gH 有双射 $x \mapsto gx$．如果陪集总数为 q，则$|G| = q\,|H|$．这也就证明了下面定理．

拉格朗日(Lagrange)定理　设 H 是有限群 G 的子群，则$|H|$是$|G|$的因子．

特别地，我们知道，每个元素 $g \in G$ 生成一个循环子群 $H = \{1, g, g^2, \cdots, g^{m-1}\}$，其中 m 是 g 的阶(也是 H 的阶)．所以每个元素的阶也必

是$|G|$的因子.

当H为正规子群时,可以定义G的左陪集之间的乘法:

$(g_1H)(g_2H)=(g_1g_2)H$, 即$\overline{g_1}\,\overline{g_2}=\overline{g_1g_2}$.

于是左陪集全体对此运算构成群,记为G/H,称为"G模H的**商群**". 注意商群G/H的每个元素是一个陪集.

当G是阿贝尔群时,显然每个子群H都是正规子群,故可构作商群G/H. 例如,整数集$G=\mathbb{Z}$是阿贝尔群(注意运算写为加法),子群$H=7\mathbb{Z}=\{7k\mid k\in\mathbb{Z}\}$自然是(正规)子群. $\mathbb{Z}$的模$7\mathbb{Z}$的陪集共有7个:$\bar{a}=a+7\mathbb{Z}=\{a+7k\mid k\in\mathbb{Z}\}(a=0,\cdots,6)$. 故$\mathbb{Z}$分为7个陪集之并:

$$\begin{aligned}\mathbb{Z}&=\bar{0}\cup\bar{1}\cup\cdots\cup\bar{6}\\&=(7\mathbb{Z})\cup(1+7\mathbb{Z})\cup\cdots\cup(6+7\mathbb{Z})\end{aligned}$$

$\bar{0}=7\mathbb{Z}$就是7的倍数全体,可以称为"星期日"全体. $\bar{1}=1+7\mathbb{Z}$可以称为"星期1全体"等. 将每个陪集$\bar{a}=a+7\mathbb{Z}$看作一个元素,就得到商群

$$\mathbb{Z}/7\mathbb{Z}=\{\bar{0},\bar{1},\bar{2},\cdots,\bar{6}\},$$

共7个元素(每个元素是一个陪集),可看作是"星期数"全体. 例如$\bar{3}+\bar{5}=\bar{8}=\bar{1}$.

定理4.4的证明 给定G的子群H,记

$K=\mathrm{Inv}(H)$. 因 F 在 G 下不变，故 F 在 H 下也不变，从而 $F\subset K$. 将定理 4.3 中的 G 换为 H，得 $\mathrm{Gal}(E/K)=H$. 反之，任给中间域 $E\supset K\supset F$，令 $H=\mathrm{Gal}(E/K)$，则 H 显然是 $G=\mathrm{Gal}(E/F)$ 的子群，当然 E/K 也是伽罗瓦扩张(若 E/F 是 f 的分裂域，则 E/K 也是 f 的分裂域)，由定理 4.3 知 $K=\mathrm{Inv}(H)$. 这就证明了 G 的子群集合 $\{H\}$ 和 E/F 的中间域集合 $\{K\}$ 之间的一一可逆对应.

(1) 若 $H_1\supset H_2$ 则显然 $\mathrm{Inv}(H_1)\subset\mathrm{Inv}(H_2)$，即 $K(H_1)\subset K(H_2)$. 反之若 $K_1\subset K_2$，则 $\mathrm{Gal}(E/K_1)\supset\mathrm{Gal}(E/K_2)$，即 $H(K_1)\supset H(K_2)$.

(2) 由 $H=\mathrm{Gal}(E/K(H))$ 即知 $|H|=[E:K(H)]$. 注意 $|G|=[E:F]=[E:K(H)][K(H):F]=|H|[K(H):F]$，故 $[G:H]=|G|/|H|=[K(H):F]$.

(3) 设 K 与 H 对应(即 $K=\mathrm{inv}(H)$，$H=\mathrm{Gal}(E/K)$)，则 σK 与 $\sigma H\sigma^{-1}$ 对应(对任意的 $\sigma\in G$). 这是因为，对任意 $h\in H$ 和 $\alpha\in K$，总有 $(\sigma h\sigma^{-1})(\sigma\alpha)=\sigma(h\alpha)=\sigma\alpha$，故 $\sigma K\subset\mathrm{inv}(\sigma \mathrm{H}\sigma^{-1})$. 而若 $\beta\in\mathrm{inv}(\sigma \mathrm{H}\sigma^{-1})$，则由 $(\sigma h\sigma^{-1})(\beta)=\beta$(对任意 $h\in H$)，知 $h(\sigma^{-1}\beta)=\sigma^{-1}\beta$，$\sigma^{-1}\beta\in\mathrm{inv}(H)=K$，$\beta\in\sigma K$.

这就证明了 H 正规当且仅当 $\sigma K=K$(对任意 $\sigma\in G$),即 K/F 是正规扩张(由定理 4.3(4)). 注意这时,每个 $\sigma\in G$ 限制为 K 的自同构 $r(\sigma)$,即有群的限制同态映射

$$r: G\to \mathrm{Gal}(K/F),$$

注意 $\mathrm{Gal}(K/F)$的任一个元素 τ 必是某个 $\sigma\in G$ 的限制(因为 τ 可延拓到 E 为某个 $\sigma\in G$). 又显然 $r(\sigma)=1$ 当且仅当 $\sigma\in H$,所以 G/H 中的每一个同余类 g_iH (中的所有元素)恰好限制为 $\mathrm{Gal}(K/F)$中的一个元素,这就说明 $\mathrm{Gal}(K/F)=G/H$.

例 4.1 设 $E=\mathbb{Q}(\sqrt{2},\sqrt{3})$,是 $F=\mathbb{Q}$ 的 4 次扩张. 令 $\alpha=\alpha_1=\sqrt{2}+\sqrt{3},\alpha_2=\sqrt{2}-\sqrt{3},\alpha_3=-\sqrt{2}+\sqrt{3},\alpha_4=-\sqrt{2}-\sqrt{3}$,则

$$\begin{aligned}f(x)&=(x-(\sqrt{2}+\sqrt{3}))(x-(\sqrt{2}-\sqrt{3}))\\&\quad\cdot(x-(-\sqrt{2}+\sqrt{3}))(x-(-\sqrt{2}-\sqrt{3}))\\&=(x-\alpha_1)(x-\alpha_2)(x-\alpha_3)(x-\alpha_4)\\&=x^4-10x^2+1.\end{aligned}$$

故 E 是 $f(x)$的分裂域,是正规(伽罗瓦)扩张. E 有 4 个自同构: $\sigma_i(\alpha)=\alpha_i(i=1,2,3,4)$,即

$$\sigma_i(\sqrt{2}+\sqrt{3})=\pm\sqrt{2}\pm\sqrt{3}$$

(其中 $\sigma_1=1$ 为恒等映射). 故伽罗瓦群 $G=\mathrm{Gal}$

$(E)=\{\sigma_1,\sigma_2,\sigma_3,\sigma_4\}$. G 共有 5 个子群,除 G, $\{1\}$之外,有 3 个 2 阶子群:

$$H_1=\{1,\sigma_2\},H_2=\{1,\sigma_3\},H_3=\{1,\sigma_4\}.$$

G, $\{1\}$对应着$\mathbb{Q}$, E. 而 3 个 2 阶子群分别与 3 个 2 次子域相对应:

$$E_1=\mathbb{Q}(\sqrt{2}),E_2=\mathbb{Q}(\sqrt{3}),E_3=\mathbb{Q}(\sqrt{6}),$$

因为此伽罗瓦群 G 是阿贝尔群,所以 3 个子群 H_1,H_2,H_3 都是正规子群.

4.5 正 17 边形作图

现在用已经介绍的知识,解决正 $p=17$ 边形作图问题. 由第 3 章的讨论知道,对素数 p,正 p 边形作图问题,实际上就是 p 等分圆问题. 正 p 边形的顶点 $P_0,P_1,\cdots,P_{p-1}$对应于 p 个不同的复数:

$$\zeta^0,\zeta^1,\cdots,\zeta^{p-1}.$$

其中

$$\zeta=\zeta_p=e^{2\pi i/p}=\cos 2\pi/p+i\sin 2\pi/p$$

称为 p 次本原单位根,满足

$$\zeta^p=1,$$

即是 $x^p-1=(x-1)(x^{p-1}+x^{p-2}+\cdots+x+1)$

的根. 注意

$$q(x) = x^{p-1} + x^{p-2} + \cdots + x + 1$$

在$\mathbb{Q}$上不可约, $\zeta^1, \cdots, \zeta^{p-1}$恰为它的 $p-1$ 个复根. 而

$$E = \mathbb{Q}(\zeta)$$

称为 p 次(或 p 级)**分圆域**. 因为 $q(x)$不可约, 所以$\mathbb{Q}(\zeta)$是$\mathbb{Q}$的 $p-1$ 次扩张. 注意$\mathbb{Q}(\zeta)$也是 $q(x)$的分裂域, 因为 $\zeta^1, \cdots, \zeta^{p-1}$都在$\mathbb{Q}(\zeta)$中. 所以$\mathbb{Q}(\zeta)/\mathbb{Q}$是正规扩张(伽罗瓦扩张). 因此, 其伽罗瓦群

$$G = \mathrm{Gal}(\mathbb{Q}(\zeta)/\mathbb{Q})$$

的阶$|G| = [\mathbb{Q}(\zeta) : \mathbb{Q}] = p-1$. 这里, 伽罗瓦理论的妙诀, 就是用伽罗瓦群 $\mathrm{Gal}(\mathbb{Q}(\zeta)/\mathbb{Q})$解决扩域$\mathbb{Q}(\zeta)/\mathbb{Q}$的问题(及其关联的正多边形作图问题). 现在设法定出 G 的 p 个元素.

我们知道, $G = \mathrm{Gal}(\mathbb{Q}(\zeta)/\mathbb{Q})$可以看作是 $q(x)$的复根$\{\zeta^1, \cdots, \zeta^{p-1}\}$的置换群 S_{p-1}的一个子群. 也就是说, 每个 $g \in G$ 引起$\{\zeta^1, \cdots, \zeta^{p-1}\}$的一个置换, 而且 g 由此置换决定. 我们注意, $q(x)$的这 $p-1$ 个复根连同 $\zeta^0 = 1$, 就是 $x^p - 1 = 0$的复根全体, 即

$$W = \{\zeta^0, \zeta^1, \cdots, \zeta^{p-1}\}.$$

这是一个乘法群(称为 p 次单位根群), 共 p 个

元素,单位元是$\zeta^0=1$,ζ^k 的逆是 ζ^{p-k}.

域$\mathbb{Q}(\zeta)$的任一个自同构 $g\in G$,就是保持$\mathbb{Q}(\zeta)$中的加法、乘法运算的双射(即$\mathbb{Q}(\zeta)$到自身的一一对应). 故$(g(\zeta^k))^p=g((\zeta^k)^p)=g(1)=1$, 即 $g(\zeta^k)\in W$,而且 $g(\zeta^k\zeta^t)=g(\zeta^k)g(\zeta^t)$. 所以 g 限制为 W 的自同构映射(即 W 到自身的保持乘法的双射)

$$g: W\to W.$$

g 保持 1 不变,而将其余 $q(x)$的 $p-1$ 个复根$\{\zeta^1,\cdots,\zeta^{p-1}\}$置换. 故必有 $g(\zeta)=\zeta^k$(某 $k=1,2,\cdots,p-1$). 所以 W 共有 $p-1$ 个自同构映射:

$$\sigma_k(\zeta)=\zeta^k\quad(k=1,2,\cdots,p-1).$$

W 的这 $p-1$ 个自同构映射,恰好决定了$\mathbb{Q}(\zeta)$的 $p-1$ 个自同构映射. 所以我们得到

$$G=\{\sigma_1,\sigma_2,\cdots,\sigma_{p-1}\}.$$

进一步可以证明: $G=\mathrm{Gal}(\mathbb{Q}(\zeta_p)/\mathbb{Q})$是**循环群**,即是由一个元素生成的(即它的幂的全体). 这对一般的素数 p 都是对的. 但我们现在仅对 $p=17$ 的时候证明.

以下设 $p=17$. 此时可证明,G 是 $\sigma=\sigma_3$ 生成的,记为 $G=\langle\sigma\rangle$. 首先注意 σ 作用的特点:

$$\sigma(\zeta)=\zeta^3,\sigma^2(\zeta)=\sigma(\zeta^3)=(\sigma(\zeta))^3=\zeta^{3^2},$$

$$\sigma^n(\zeta^k)=\zeta^{3^nk},$$

注意 $\zeta^{17}=1$,所以我们只关心 3^n 除以 17 的余数 r. “a 除以 m 余 r”这句话,用符号表示为

$$a \equiv r \pmod{m},$$

读作“a 同余于 r(模 m)”. 对模 $m=17$,求得 3^n 的余数如下:

$$3^2 = 9,\quad 3^4 \equiv 13 \equiv -4,\quad 3^8 \equiv -1,\quad 3^{16} \equiv 1.$$

于是知道 $3^{16}\equiv 1$, $3^n \not\equiv 1$(对 $0<n<16$). 也就是说,我们得到

$$\sigma^{16}(\zeta) = \zeta,\quad \sigma^{16} = 1,$$

$$\sigma^n(\zeta) \neq \zeta,\quad \sigma^n \neq 1 \quad (对\ 0 < n < 16)$$

这说明 $\sigma=\sigma_3$ 是 G 的生成元,即

$$\begin{aligned} G &= \mathrm{Gal}(\mathbb{Q}(\zeta)/\mathbb{Q}) \\ &= \langle\sigma\rangle = \{\sigma^0,\sigma^1,\sigma^3,\sigma^4,\cdots,\sigma^{14},\sigma^{15}\}, \end{aligned}$$

其中 $\sigma^0=\sigma^{16}=1$ 是恒等映射.

这样一来,很容易求出 G 的子群. 它们也都是循环群. 除去两个平凡的子群,即 1 阶子群 $\langle 1\rangle=\{1\}$ 和 16 阶子群 $G=\langle\sigma\rangle$,其余称为真子群. 如下所列.

2 阶子群 $H_8=\langle\sigma^8\rangle=\{1,\sigma^8\}$,

4 阶子群 $H_4=\langle\sigma^4\rangle=\{1,\sigma^4,\sigma^8,\sigma^{12}\}$,

8 阶子群 $H_2=\langle\sigma^2\rangle=\{1,\sigma^2,\sigma^4,\sigma^6,\sigma^8,\sigma^{10},\sigma^{12},\sigma^{14}\}$.

这样就得到 G 的子群链和它对应的子域链,即

得如下定理.

定理 4.5 设 $\zeta=\zeta_{17}=e^{2\pi i/17}$, $\sigma(\zeta)=\zeta^3$, 则 $G=\mathrm{Gal}(\mathbb{Q}(\zeta)/\mathbb{Q})=\langle\sigma\rangle$, 其全部子群形成链

$$G\supset H_2\supset H_4\supset H_8\supset\{1\},$$

即

$$\langle\sigma\rangle\supset\langle\sigma^2\rangle\supset\langle\sigma^4\rangle\supset\langle\sigma^8\rangle\supset\{1\}.$$

此子群链对应着$\mathbb{Q}$的二次扩张塔

$$\mathbb{Q}\subset K_2\subset K_4\subset K_8\subset\mathbb{Q}(\zeta),$$

即

$$\mathbb{Q}\subset\mathbb{Q}(\alpha_2)\subset\mathbb{Q}(\alpha_2,\alpha_4)$$

$$\subset\mathbb{Q}(\alpha_2,\alpha_4,\alpha_8)\subset\mathbb{Q}(\zeta),$$

其中 $K_i=\mathrm{inv}(H_i)$按伽罗瓦理论与 H_i 相对应 $(i=2,4,8)$, 而

$$\alpha_2=\sum_{k=1}^{8}\sigma^{2k}(\zeta)=(-1+\sqrt{17})/2,$$

$$\alpha'_2=\sigma(\alpha_2)=(-1-\sqrt{17})/2,$$

$$\alpha_4=\sum_{k=1}^{4}\sigma^{4k}(\zeta)=(\alpha_2+\sqrt{\alpha_2^2+4})/2,$$

$$\tilde{\alpha}_4=\sigma(\alpha_4)=(\alpha'_2+\sqrt{\alpha'^2_2+4})/2,$$

$$\alpha_8=\sum_{k=1}^{2}\sigma^{8k}(\zeta)=(\alpha_4+\sqrt{\alpha_4^2-4\tilde{\alpha}_4})/2$$

$$=2\cos(2\pi/17),$$

$$\zeta=(\alpha_8+\sqrt{\alpha_8^2-4})/2.$$

说明 由此定理可知，用尺规可由 1 开始依次作出 $\alpha_2,\alpha_4,\alpha_8,\zeta$，从而作出全部 17 次单位根 $1,\zeta^1,\cdots,\zeta^{16}$ 因此将单位圆 17 等分，完成正 17 边形作图. 事实上，只要作出 $\alpha_8=2\cos(2\pi/17)$，就可作出正 17 边形了. 易直接算得 $2\cos(2\pi/17)$ 和 ζ_{17} 的根式表达式如下：

$$\alpha_8=2\cos(2\pi/17)=\frac{1}{8}\Big\{-1+\sqrt{17}+\sqrt{34-2\sqrt{17}}$$

$$+\sqrt{(1-\sqrt{17}-\sqrt{34-2\sqrt{17}})^2+16(1+\sqrt{17}-\sqrt{34+2\sqrt{17}})}\Big\},$$

$$\zeta_{17}=\frac{1}{16}\Big\{-1+\sqrt{17}+\sqrt{34-2\sqrt{17}}$$

$$+\sqrt{(1-\sqrt{17}-\sqrt{34-2\sqrt{17}})^2+16(1+\sqrt{17}-\sqrt{34-2\sqrt{17}})}\Big\}$$

$$+\frac{1}{16}\sqrt{\Big\{-1+\sqrt{17}+\sqrt{34-2\sqrt{17}}+\sqrt{(1-\sqrt{17}-\sqrt{34-2\sqrt{17}})^2+16\sqrt{(1+\sqrt{17}-\sqrt{34+2\sqrt{17}})}}\Big\}^2-256}.$$

我们看到，$2\cos(2\pi/17)$ 和 ζ_{17} 的上述表达式，是由开平方和加减乘除运算基于数 1 得到. 所以，由其中任一表达式，很容易逐步用尺规作图作出正 17 边形.

证明 只需再证明 $K_2=\mathbb{Q}(\alpha_2)$，$K_4=\mathbb{Q}(\alpha_2,\alpha_4)$，$K_8=\mathbb{Q}(\alpha_2,\alpha_4,\alpha_8)$. 首先注意

$$\alpha_2=\sum_{k=1}^{8}\sigma^{2k}(\zeta)=\sigma^2(\zeta)+\sigma^4(\zeta)$$

$$+\sigma^6(\zeta)+\cdots+\sigma^{16}(\zeta)$$

$$=\zeta^{3^2}+\zeta^{3^4}+\zeta^{3^6}+\cdots+\zeta^{3^{16}}$$

$$= \zeta^{128} + \zeta^{64} + \zeta^{32} + \cdots + \zeta^{4} + \zeta^{2} + \zeta^{1}$$
$$= \zeta^{-8} + \zeta^{-4} + \zeta^{-2} + \zeta^{-1} + \zeta^{8} + \zeta^{4} + \zeta^{2} + \zeta^{1}.$$

记 $\theta = 2\pi/17$，则 $\zeta = e^{i\theta} = \cos\theta + i\sin\theta, \zeta^{-1} = e^{-i\theta} = \cos\theta - i\sin\theta, \zeta^{k} = e^{ik\theta} = \cos k\theta + i\sin k\theta$. 所以

$$\alpha_2 = 2(\cos\theta + \cos 2\theta + \cos 4\theta + \cos 8\theta).$$

显然 $\sigma^2(\alpha_2) = \alpha_2$ 而 $\sigma(\alpha_2) \neq \alpha_2$，这从 $\alpha_2 = \sum \sigma^{2k}(\zeta)$ 易知，也可由下式看出

$$\sigma^n(\zeta^k) = \zeta^{3^n k}, \quad \sigma^2(\zeta^{2k}) = \zeta^{9\times 2k} = \zeta^k.$$

这就说明 $K_2 = \mathrm{inv}(H_2) = \mathbb{Q}(\alpha_2)$. 再看

$$\alpha_4 = \sum_{k=1}^{4} \sigma^{4k}(\zeta) = \sigma^4(\zeta) + \sigma^8(\zeta) + \sigma^{12}(\zeta) + \sigma^{16}(\zeta)$$
$$= \zeta^{3^4} + \zeta^{3^8} + \zeta^{3^{12}} + \zeta^{3^{16}} = \zeta^{64} + \zeta^{16} + \zeta^{4} + \zeta^{1}$$
$$= \zeta^{-4} + \zeta^{-1} + \zeta^{4} + \zeta^{1} = 2(\cos\theta + \cos 4\theta).$$

显然 $\sigma^4(\alpha_4) = \alpha_4$ 而 $\sigma^2(\alpha_4) \neq \alpha_4$，这从 $\alpha_4 = \sum \sigma^{4k}(\zeta)$ 或 $\sigma^4(\zeta^{4k}) = \zeta^{81\times 4k} = \zeta^{-4\times 4k} = \zeta^k$ 可看出. 所以得到 $K_4 = \mathrm{inv}(H_4) = \mathbb{Q}(\alpha_2, \alpha_4)$. 最后考虑

$$\alpha_8 = \sum_{k=1}^{2} \sigma^{8k}(\zeta) = \sigma^8(\zeta) + \sigma^{16}(\zeta) = \zeta^{3^8} + \zeta^{3^{16}}$$
$$= \zeta^{16} + \zeta^{1} = \zeta^{-1} + \zeta^{1} = 2\cos\theta.$$

易知 $\sigma^8(\alpha_8) = \alpha_8$ 而 $\sigma^4(\alpha_8) \neq \alpha_8$，这从 $\alpha_8 =$

$\sum \sigma^{8k}(\zeta)$ 或 $\sigma^8(\zeta)=\zeta^{3^8}=\zeta^{16}$，$\sigma^8(\zeta^{16})=\zeta^{3^8\times 16}=\zeta^1$ 可看出. 所以我们得到 $K_8=\mathrm{inv}(H_8)=\mathbb{Q}(\alpha_2,\alpha_4,\alpha_8)$.

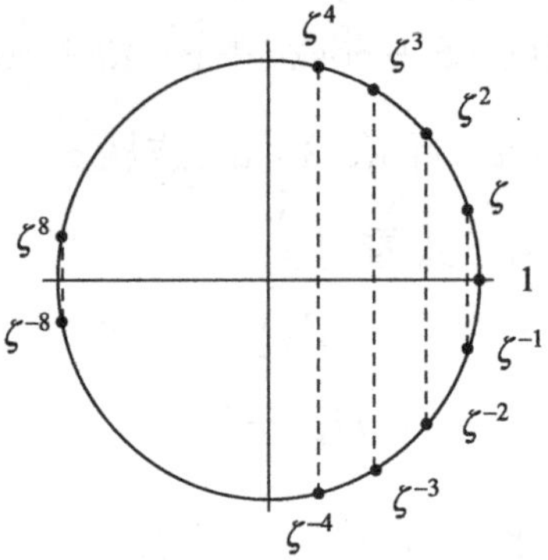

图 4.5 十七等分圆和正十七边形

所以，$K_2=\mathbb{Q}(\alpha_2)$ 是 $\mathbb{Q}$ 的 2 次扩张，$\mathrm{Gal}(\mathbb{Q}(\alpha_2)/\mathbb{Q})=\{1,\sigma\}$（这里 σ 是指它在 K_2 上的限制）. 所以 α_2 的共轭元应当是

$$\begin{aligned}\alpha'_2=\sigma(\alpha_2)&=\sum_{k=1}^{8}\sigma^{2k+1}(\zeta)\\&=\zeta^{128\times 3}+\zeta^{64\times 3}+\zeta^{32\times 3}+\cdots+\zeta^{12}+\zeta^6+\zeta^3\\&=\zeta^{-7}+\zeta^5+\zeta^{-6}+\zeta^{-3}+\zeta^7+\zeta^{-5}+\zeta^6+\zeta^3\\&=2(\cos 3\theta+\cos 5\theta+\cos 6\theta+\cos 7\theta).\end{aligned}$$

因为 $K_2=\mathbb{Q}(\alpha_2)$ 是二次域，所以 α_2 和 α'_2 应当满足 $\mathbb{Q}$ 上的二次方程. 易算得

$$\alpha_2+\alpha'_2=\sum_{k=1}^{16}\zeta^k=-1,\quad \alpha_2\alpha'_2=-4$$

(前者因为$-(\alpha_2+\alpha'_2)$为$q(x)=x^{16}+x^{15}+\cdots+x+1$的次最高项系数．后者直接相乘，利用三角公式$2\cos\alpha\cos\beta=\cos(\alpha+\beta)+\cos(\alpha-\beta)$)．于是$\alpha_2$，$\alpha'_2$满足方程

$$x_2^2+x_2-4=0.$$

因为$\alpha_2>0$而$\alpha'_2<0$(由二者的表达式，或由17等分圆图易知)，所以

$$\alpha_2=(-1+\sqrt{17})/2,\quad \alpha'_2=(-1-\sqrt{17})/2.$$

而$K_4=K_2(\alpha_4)$是K_2的二次扩张，$\mathrm{Gal}(K_4/K_2)=\{1,\sigma^2\}$(这里$\sigma^2$是指它在$K_4$上的限制．用$\sigma^6$，$\sigma^{10}$或$\sigma^{12}$也可)．$\alpha_4$的$K_2$共轭元$\alpha'_4=\sigma^2(\alpha_4)$为

$$\alpha'_4=\sigma^2(\alpha_4)=\sum_{k=1}^{4}\sigma^{4k+2}(\zeta)=\zeta^{-2}+\zeta^8+\zeta^2+\zeta^{-8}$$

$$=2(\cos2\theta+\cos8\theta).$$

因为$K_2(\alpha_4)$是K_2的二次扩张，故α_4，α'_4应当满足K_2上的二次方程．事实上易算得

$$\alpha_4+\alpha'_4=\alpha_2,\qquad \alpha_4\alpha'_4=-1.$$

因为$\alpha_4>0$而$\alpha'_4<0$(由图4.5易知)，所以满足

$$x^2-\alpha_2x-1=0.$$

所以

$$\alpha_4 = (\alpha_2 + \sqrt{\alpha_2^2 + 4})/2, \alpha'_4 = (\alpha_2 - \sqrt{\alpha_2^2 + 4})/2.$$

另一方面,α_4 还有两个$\mathbb{Q}$共轭元为

$$\tilde{\alpha}_4 = \sigma(\alpha_4) = \zeta^3 + \zeta^5 + \zeta^{-3} + \zeta^{-5}$$
$$= 2(\cos 3\theta + \cos 5\theta)$$
$$\tilde{\alpha}'_4 = \sigma^3(\alpha_4) = \zeta^6 + \zeta^7 + \zeta^{-6} + \zeta^{-7}$$
$$= 2(\cos 6\theta + \cos 7\theta)$$

而且易算得

$$\tilde{\alpha}_4 + \tilde{\alpha}'_4 = \tilde{\alpha}'_2, \qquad \tilde{\alpha}_4\tilde{\alpha}'_4 = -1,$$

因为 $\tilde{\alpha}_4 > 0$ 而 $\tilde{\alpha}'_4 < 0$(由图 4.5 易知),所以

$$\tilde{\alpha}_4 = (\tilde{\alpha}'_2 + \sqrt{\alpha'^2_2 + 4})/2,$$
$$\tilde{\alpha}'_4 = (\tilde{\alpha}'_2 - \sqrt{\alpha'^2_2 + 4})/2.$$

再看 $K_8 = K_4(\alpha_8)$ 是 K_4 的二次扩张,$\mathrm{Gal}(K_8/K_4) = \{1, \sigma^4\}$. α_8 的 K_4 共轭元 $\alpha'_8 = \sigma^4(\alpha_8)$为

$$\alpha'_8 = \sigma^4(\alpha_8) = \sum_{k=1}^{2} \sigma^{8k+4}(\zeta) = \zeta^4 + \zeta^{-4} = 2\cos 4\theta,$$
$$\alpha_8 + \alpha'_8 = \alpha_4, \quad \alpha_8\alpha'_8 = \tilde{\alpha}_4,$$

所以 α_8, α'_8 适合方程

$$x_8^2 - \alpha_4 x_8 + \tilde{\alpha}_4 = 0,$$

故

$$\alpha_8 = (\alpha_4 + \sqrt{\alpha_4^2 - 4\tilde{\alpha}_4})/2,$$
$$\alpha'_8 = (\alpha_4 - \sqrt{\alpha_4^2 - 4\tilde{\alpha}_4})/2.$$

最后，$\mathbb{Q}(\zeta)$是 K_8 的二次扩张，$\mathrm{Gal}(\mathbb{Q}(\zeta)/K_6)=\{1,\sigma^8\}$，$\zeta$的 K_8 共轭元为 $\sigma^8(\zeta)=\zeta^{-1}$. 而 $\zeta+\zeta^{-1}=\alpha_8$，$\zeta\zeta^{-1}=1$，故

$$\zeta=(-\alpha_8+\sqrt{\alpha_8^2-4})/2.$$

由此易得 α_8 和 ζ 的值. 这就完全证明了定理 4.5.

4.6 分圆域与正多边形

现在继续 3.5 节中正多边形作图的讨论. 在 3.5 节我们看到此问题与分圆域$\mathbb{Q}(\zeta_n)$密切相关，而且我们需要分圆域的次数$[\mathbb{Q}(\zeta_n):\mathbb{Q}]=\varphi(n)$，这里 $\zeta_n=\mathrm{e}^{2\pi\mathrm{i}/n}$. n 次单位根群 $W_n=\{1,\zeta_n,\zeta_n^2,\cdots,\zeta_n^{n-1}\}$是 n 阶循环群，此群的生成元(称为 n 次本原单位根)为

$$\{\zeta_n^k \mid k\text{与}n\text{互素且}1<k<n\},$$

生成元的个数为 $\varphi(n)$(即与 n 互素的 $k(1<k<n)$的个数). 记

$$\Phi_n(x)=\prod_{\substack{k\text{与}n\text{互素}\\ 1<k<n}}(x-\zeta_n^k),$$

称为 n 级分圆多项式，它的系数为有理数，事实上，对任意 $\sigma\in\mathrm{Gal}(\mathbb{Q}(\zeta_n)/\mathbb{Q})$，若 ζ_n^k是 W_n 的生

成元则$\sigma\zeta_n^k$仍然是生成元(因为域$\mathbb{Q}(\zeta_n)$的自同构σ限制到W_n上后,成为W_n的自同构),所以σ保持$\Phi_n(x)$不变(即保持它的每个系数不变),故$\Phi_n(x)$的系数为有理数.

因为每个单位根ζ_n^i生成一个循环群W_d,是W_n的子群,故W_d的阶d是n的因子.所以

$$x^n-1=\prod_{0\leqslant i\leqslant n-1}(x-\zeta_n^i)=\prod_{d\mid n}\Phi_d(x).$$

例如:

$\Phi_1(x)=x-1$,

$\Phi_2(x)=(x^2-1)/\Phi_1(x)=x+1$,

$\Phi_3(x)=(x^3-1)/\Phi_1(x)=x^2+x+1$,

$\Phi_4(x)=(x^4-1)/\Phi_1(x)\Phi_2(x)=x^2+1$,

$\Phi_5(x)=(x^5-1)/\Phi_1(x)=x^4+x^3+x^2+x+1$,

$\Phi_6(x)=(x^6-1)/\Phi_1(x)\Phi_2(x)\Phi_3(x)=x^2-x+1$,

$\Phi_8(x)=(x^8-1)/\Phi_1(x)\Phi_2(x)\Phi_4(x)=x^4+1$,

$$\Phi_{12}(x)=(x^{12}-1)/\Phi_1(x)\Phi_2(x)\Phi_3(x)\Phi_4(x)\Phi_6(x)$$
$$=x^4-x^2+1.$$

定理 4.6 (1) 分圆多项式$\Phi_n(x)$是$\mathbb{Q}$上的不可约多项式.

(2) $[\mathbb{Q}(\zeta_n):\mathbb{Q}]=\varphi(n)$.

证明 (1)首先说明$\Phi_n(x)$的系数都是整

数. 注意$x^n-1=\Phi_n(x)g(x)$,其中 $g(x)$是所有$\Phi_d(x)$($d<n$ 且整除 n)之积,由归纳法可设$g(x)$的系数是整数. 再由多项式的带余除法,因为 $g(x)$的首项系数是 1,故$x^n-1=q(x)g(x)+r(x)$,其中 $q(x)$和 $r(x)$(次数低于 $g(x)$)是整系数多项式, 而且是唯一确定的, 故知$r(x)=0$, $\Phi_n(x)=q(x)$是整系数.

假若 $\Phi_n(x)$ 可约, 易知可以设 $\Phi_n(x)=h(x)u(x)$,其中 $h(x)$不可约,$h(x)$和 $u(x)$都是首项系数为 1 的整系数多项式. 假设 θ 是 $h(x)$的一个复根,p 是素数,与 n 互素. 因为 θ 也是$\Phi_n(x)$的根,所以是本原单位根. 从而 θ^p 也是本原单位根,也是 $\Phi_n(x)=h(x)u(x)$的根.

我们要证明 θ^p 是 $h(x)$的根; 否则 θ^p 是$u(x)$的根,即 $u(\theta^p)=0$,θ 是 $u(x^p)$的根. 从而$u(x^p)$和 $h(x)$有公因子($\neq 1$),故 $h(x)\mid u(x^p)$. 于是导致

$$u(x^p)=h(x)v(x),$$

其中 $v(x)$是首项系数为 1 的整系数多项式. 将式中的多项式 $f(x)=a_nx^n+\cdots+a_1x+a_0$ 都换为 $\bar{f}(x)=\bar{a}_nx^n+\cdots+\bar{a}_1x+\bar{a}_0$,其中 $\bar{a}$ 表示a 除以 p 的余数. (说明: 这一过程称为“模 p”,或“由整数环过渡到模 p 的剩余类”. 有兴趣深入

了解的读者，可以参看初等数论有关书籍，或者作者所著《高等代数学》(清华大学出版社)第1.2节. 注意 p 个"余数"$\boldsymbol{F}_p=\{\bar{0},\bar{1},\cdots,\overline{p-1}\}$ 也构成一个域，即对加减乘除封闭，加法和乘法定义为 $\bar{a}+\bar{b}=\overline{a+b},\bar{a}\,\bar{b}=\overline{ab}$). 容易验证 $\bar{f}(x)^p=\bar{f}(x^p)$. 于是得到

$$\bar{u}(x)^p=\bar{u}(x^p)=\bar{h}(x)\bar{v}(x),$$

所以 $\bar{u}(x)$ 与 $\bar{h}(x)$ 有公因子($\neq 1$). 再由

$$x^n-1=\Phi_n(x)g(x)=h(x)u(x)g(x),$$

$$x^n-\bar{1}=\bar{h}(x)\bar{u}(x)\bar{g}(x),$$

可知 $x^n-\bar{1}$ 有重根，这导致矛盾(可用多种方法证明，例如微商 $(x^n-\bar{1})'=\bar{n}x^{n-1}\neq\bar{0}$).

所以 θ^p 是 $h(x)$ 的根. 重复作可知，θ^k 都是 $h(x)$ 的根(k 与 n 互素时). 这就是说，所有本原单位根都是 $h(x)$ 的根，即 $h(x)=\Phi_n(x)$，所以 $\Phi_n(x)$ 是不可约的.

(2) 由(1)可知，$\Phi_n(x)$ 是 ζ_n 在 $\mathbb{Q}$ 上的最小多项式，次数是 $\varphi(n)$，这就得到结论.

基于以上结果，3.5 节的定理 3.4 的证明就完整了. 就得到正多边形作图的如下结论：

(1) 正 p(素数)边形可由尺规作出当且仅当 p 为费马素数，即 $p=2^{2^k}+1$.

(2) 正 n 边形可由尺规作出当且仅当 n 是

不同的费马素数和 2 的非负幂之积.

现在来看分圆域$\mathbb{Q}(\zeta_n)/\mathbb{Q}$ 的伽罗瓦群 G_n，也就是分圆多项式$\Phi_n(x)$的伽罗瓦群. 由 5.3 节引理 5.1(1)的证明可知,G_n 限制(单射)到 n 次单位根群 W_n 上,成为 W_n 的自同构群 Aut(W_n)的子群. 把循环群 W_n 的生成元 ζ_n 映射到另一个生成元 ζ_n^k,即

$$\sigma_k: \zeta_n \mapsto \zeta_n^k \quad (k \text{ 与 } n \text{ 互素}, 1 \leqslant k < n),$$

即为 Aut(W_n)中元素. 因为现在知道 G_n 和 Aut(W_n)的阶都是 $\varphi(n)$,故二者实为同一群. 所以得到

$$\begin{aligned} G_n &= \mathrm{Gal}(\mathbb{Q}(\zeta_n)/\mathbb{Q}) \\ &= \{\sigma_k \mid k \text{ 与 } n \text{ 互素}, 1 < k < n\}. \end{aligned}$$

显然 $\sigma_k\sigma_s = \sigma_{ks}$.

用初等数论的方法可以证明,当 $n = p^s$ 是奇素数的幂的时候,G_n 是循环群. 当 $n = 2^s$ 且 $s \geqslant 3$时,G_n 是一个二阶群与一个 2^{s-2}阶循环群的直积.

5 根式解方程问题

5.1 一次至四次方程

根式解方程问题，是与古希腊三大难题齐名的历史难题. 到 16 世纪，二次、三次、四次方程的解的公式已经先后得到，它们都是用根式表达的. 但是对五次和五次以上方程解的类似公式的寻求，都失败了. 直到 19 世纪，阿贝尔才证明这种公式是不可能存在的. 后来伽罗瓦用群论系统彻底地解决了此问题. 这也是数学"现代化"的开始之处.

代数学的基本特征，它与算术的主要区

别，就是用符号(或字母)代表数及其关系. 这就使运算推理过程更加清晰精炼，而且具有一般性. 这是近代数学迅速发展的重要基础.

人类最初是用语言文字叙述来表达数量和运算推理的. 甚至花拉子密的《代数学》也是这样. 聪明人想到用文字的简写，即第一个或前几个字母,来表示数量或运算. 在古埃及的草纸书中,已用一串符号表示一元一次方程. 古希腊的丢番图(Diophantus，约公元 246～330 年)，用字母表示未知数. 我国两汉时期的《九章算术》用适当排列的算筹表示一次方程组,相当于现在的矩阵表示法. “方程”一词的原意约相当于“矩阵”. 宋时发展了天元术，称未知数为天元，后又用地、人、物元表示多个未知数.

到 1591 年,法国数学家韦达(F. Vièta,公元 1540～1603 年) 系统地使用字母表示未知数,也用字母表示已知数. 这促使古典代数发展为研究抽象类型问题的学科.

本章我们主要考虑含一个未知数(用 x 表示)的代数方程，即如下形式的方程：

$$a_nx^n + a_{n-1}x^{n-1} + \cdots + a_1x + a_0 = 0,$$

其中 a_ix^i 称为 i 次项,a_i 称为系数，可以是任意实数(或复数)($0\leqslant i\leqslant n$). 如果 $a_n\neq0$ 则 a_n 称为首相系数,称此方程为 n 次(代数)方程. 将方程的每一项都除以 a_n, 可将首相系数化为 1. 也就是说, 我们不妨设$a_n=1$.

(1) 一次方程 最简单的是一次方程. 它的求解在古代的巴比伦、埃及、印度、中国和希腊都已得到解决. 一次方程总可以化为

$$ax=b,$$

其中 a,b 表示任意已知数($a\neq0$). 它的解为

$$x=\frac{b}{a}.$$

(2) 二次方程 二次方程可以写为

$$ax^2+bx+c=0,$$

其中 a,b,c 表示任意已知数($a\neq0$). 现在中学生都知道, 可用配平方的方法解此方程:

$$x^2+xb/a=-c/a,$$

$$x^2+xb/a+(b/2a)^2=(b/2a)^2-c/a,$$

$$(x+b/2a)^2=(b^2-4ac)/4a^2,$$

$$x+b/2a=\pm\sqrt{b^2-4ac}/2a,$$

$$x_\pm=\frac{-b\pm\sqrt{b^2-4ac}}{2a}$$

(式中有可能含有虚数). 解二次方程时使用的

这种配平方的方法，也是以后解三次和四次方程的基本方法.

二次方程的一些解法，公元前1700年的古巴比伦的泥板上已有记录. 在古代中国、希腊、阿拉伯都基本上得到解决. 阿拉伯数学家花拉子米 (al-Khowā rizmī，约公元783～850年)在其书中记载了完整的一般解法. 现在“代数学(Algebra)”一词，就来自他的书名《aljabr w'al muqabala》(还原与对消，即移项与并项). 此书1140年翻译成拉丁文，作为标准的数学课本在欧洲使用了数百年，引导了16世纪解方程理论的突破. 花拉子米的另一本书印度算法也被译为拉丁文《Liber Algorismi》(花拉子米算术)在欧洲传播. 花拉子米的拉丁译名Algorithm从此广泛流传，现在在西方文字中的意义为“算法”.

(3) 三次方程　继二次方程之后，三次方程的求解却长期陷入困境. 人们曾认为它就像化圆为方问题一样，是根本不可能的. 但在1500年左右，意大利的波罗尼亚大学教授费罗(S. Ferro，公元1465～1526年)，对不含二次项的三次方程，即如下形式的方程

$$x^3+mx=n,$$

得到求解方法. 在他临终前,1510 年左右,他将解法传给学生菲奥尔(A. M. Fior).

后来,塔尔塔里亚(N. Tartaglia,约公元 1499～1557 年)宣布他得到某些三次方程的求解方法,并在许多比赛中取胜. 菲奥尔不服气,挑战塔尔塔里亚,要求公开比赛. 当时这种比赛在知识界很时兴. 1534 年 2 月 22 日,双方各提出 30 个问题,约定 1 年后公开辩论,失败者要请 30 次宴席. 菲奥尔的问题都是他会解的缺二次项的三次方程,而塔尔塔里亚当时只会解缺一次项的三次方程(即 $x^3+mx^2=n$). 塔尔塔里亚经过艰苦努力,终于在期限逼近时(1535 年 2 月 12 日之夜黎明到来时),得到这类缺二次项方程的解法,数小时之内就解完菲奥尔的 30 个问题. 而菲奥尔不会解答塔尔塔里亚的缺一次项的方程. 因此塔尔塔里亚大胜. 但他放弃了 30 次宴会的要求. 这事轰动一时,塔尔塔里亚在数学界很快广为人知,维洛那大学、维尼斯亚大学先后聘请他为教授.

这位塔尔塔里亚(N. Tartaglia),是位很不幸的人. 塔尔塔里亚其实是他的绰号,意为"结巴颏子". 他原名丰塔那(Nicolo Fontana, 1499～1557 年),生于威尼斯共和国的布雷西亚

图 5.1　塔尔塔里亚

(Brescia). 当时意大利处于分裂状态. 1494 年开始的法国入侵断断续续持续了六十多年. 1512 年 2 月 19 日法军劫掠布雷西亚,父亲带着十二岁的丰塔那进教堂避难,以为信教的法军不会到教堂里杀人. 可法军进了教堂大开杀戒, 砍死他的父亲,他被马刀批中头部上下颚,几乎将死. 他母亲后来从尸骸堆里找到他,想起狗在负伤时用舌头添伤口,就用舌头给他添伤口,救活了他. 但他因颚部受伤太重,说话困

图 5.2 卡尔丹

难,落下个结巴的绰号. 他受伤的面部很难看,后来总留着满脸胡须掩饰. 虽遭不幸,但他完全靠自学成才,展现了过人才华, 在威尼斯以教数学为生.

塔尔塔里亚解三次方程的消息, 被米兰的卡尔丹(G. Cardano, 1501～1576 年)听到. 他反复向塔尔塔里亚恳求秘密, 均遭严词拒绝. 塔尔塔里亚声明自己要基于此写书. 1539 年,卡尔丹邀请塔尔塔里亚到米兰他家里做客，许诺引荐他会见米兰军事司令展示他的军事发明．在卡尔丹起誓保守秘密不发表之后，塔尔塔里亚终于写出他的解法送给了卡尔丹．

卡尔丹以此为基础，又做了系统深入的研究，给出了一般三次方程的解法和证明．1545年他出版拉丁文巨著《伟大艺术》(Arts Magna)，在其中发表了一般三次方程的解法和证明．这书共40章，第11章就是介绍不含二次项的三次方程的解法．卡尔丹在此章开头写道："费罗在三十年前发现了此解法，他在后来传给了菲奥尔．由于菲奥尔的挑战，使得塔尔塔利亚有机会也发现了这一解法．他应我的恳求把解法告诉了我，但是他没有解释此方法正确性的证明．我基于这些协助，给出了此解法的证明．"

但塔尔塔里亚对卡尔丹违背保密承诺的做法仍然十分愤怒，斥责卡尔丹是骗子．卡尔丹的学生费拉里(L. Ferrair)猛烈反击，双方对立尖锐．1548年6月双方在米兰举行公开辩论，卡尔丹没有出场，而由费拉里出场．辩论最后十分激烈，双方甚至动了手．塔尔塔利亚最终铩羽而归．塔尔塔里亚由此忧郁伤感，著作没有完成就离开了人世.

这个卡尔丹也非常人，一生波澜起伏，充满传奇和矛盾，科学与迷信混合. 他出生前父母用了各种堕胎药，出生时逢上难产，出生后又差点夭折，一生身体都很差，精神也不完全正常. 但他很有才气，兴趣广泛，博览群书，大学时学医学. 他有时作医生，医名远播；有时作数学，在米兰大学任教，发表过数学论文. 他性格有些古怪，爱好赌博(却也由此写出一本书《机会的游戏》，是对概率开创性的研究). 他精于占星术，大庭广众前和保护神“对话”，还入过监狱. 55 岁时突然死去. 卡尔丹多才多艺，一生写了许多关于算术、天文学、物理学、医学和其它学科的著作.

三次方程的解法因卡尔丹的著作而公开，所以后来被称为“卡尔丹公式”. 卡尔丹对虚根忽略不计，他的讨论其实并不完整. 到 200 年后的 1732 年，才由欧拉 (Euler) 补充完整. 我们用现在的符号，将其表述如下. 三次方程总可写为如下形式：

$$x^3+bx^2+cx+d=0,$$

其中 b,c,d 是任意实数或复数(如果 x^3 的系数 $a\neq1$，方程各项同除以 a 即可). 令

$$x = x' - \frac{b}{3},$$

代入原方程，就消去了二次项. 所以我们只需考虑如下不含二次项的三次方程：

$$x^3 + px + q = 0.$$

尝试把 x 写成 $x=u+v$ 的形式，其中 u,v 是待定的参数. 代入方程就得到

$$u^3 + 3u^2v + 3uv^2 + v^3 = -p(u+v) - q,$$

即

$$u^3 + v^3 = (u+v)(-3uv - p) - q.$$

我们注意，虽然有关系 $x=u+v$，由 x 还不能决定 u,v，我们还可以要求 $3uv+p=0$ 也成立(事实上，这就是要求 u 和 v 满足 $u^2-xu-p/3=0$. 由二次方程的理论可知，按照此关系，由 x 的值可得出 u,v 的值). 对这样的 u,v，上式化为

$$u^3 + v^3 = -q,$$

两边同乘以 $27u^3$，化为

$$27u^6 + 27u^3v^3 = -27u^3q.$$

因为 $3uv=-p$，故

$$27u^6 - p^3 = -27u^3q$$

这是 u^3 的二次方程，所以可以解得 u^3，从而解出 u(注意，如果设 ω_1 和 ω_2 是三次单位根，则

u，$\omega_1 u$，$\omega_2 u$ 的立方都是 u^3)，再由 $3uv=-p$ 解出 v，最终得到 $x=u+v$. 由此得到方程的三个(复数)解 $x_1=u+v$，$x_2=\omega_1 u+\omega_2 v$，$x_3=\omega_2 u+\omega_1 v$.

详言之，三次方程 $x^3+px+q=0$ 的三个解的公式如下

$$x_1=\sqrt[3]{-\frac{q}{2}+\sqrt{\Delta}}+\sqrt[3]{-\frac{q}{2}-\sqrt{\Delta}},$$

$$x_2=\omega_1\sqrt[3]{-\frac{q}{2}+\sqrt{\Delta}}+\omega_2\sqrt[3]{-\frac{q}{2}-\sqrt{\Delta}},$$

$$x_3=\omega_2\sqrt[3]{-\frac{q}{2}+\sqrt{\Delta}}+\omega_1\sqrt[3]{-\frac{q}{2}-\sqrt{\Delta}},$$

其中

$$\Delta=\left(\frac{q}{2}\right)^2+\left(\frac{p}{3}\right)^3$$

称为方程的判别式,而 $\omega=\omega_1=(-1+\mathrm{i}\sqrt{3})/2$，$\omega_2=(-1-\mathrm{i}\sqrt{3})/2=\omega^2=\omega^{-1}$ 是三次单位根. 如果 p,q 是实数,则由于复数解要成共轭对出现，所以至少有一个实数解.

(4) 四次方程 四次方程的求解方法,在 1540 年被卡尔丹的学生费拉里（L. Ferrari, 1522～1565 年）得到. 解法也被卡尔丹写进他的《伟大艺术》中. 这个费拉里出身贫苦. 1536

年，这位 14 岁的少年，来到卡尔丹家里为仆．他学习数学并表现出杰出才能，后来卡尔丹收他作了学生和助手．费拉里代替卡尔丹与塔尔塔里亚在米兰辩论时，已掌握了三次和四次方程的解法，因而轻松取胜．他由此当上了波伦亚大学的数学教授．卡尔丹在 1545 年的《伟大艺术》中也解释了费拉里解四次方程的方法，并指出“正是费拉里，他应我的请求将此给予我”．用现在的符号，费拉里的解法可以叙述如下．

四次方程可以写为如下形式（如果 x^4 的系数 $a\neq 1$，方程各项同除以 a 即可）：

$$x^4+bx^3+cx^2+dx+e=0.$$

令 $x=x'-b/4$ 代入原方程，则可消去三次项．所以我们只需求解如下形式的方程：

$$x^4+cx^2+dx+e=0.$$

为了配平方，可以改写为

$$x^4+2cx^2+c^2=cx^2-dx+c^2-e,$$

即

$$(x^2+c)^2=cx^2-dx+c^2-e.$$

所以对于任意的 s 有

$$(x^2+c+s)^2=(cx^2-dx+c^2-e)$$
$$+2s(x^2+c)+s^2=(c+2s)x^2$$

$$-dx+(c^2-e+2sc+s^2).$$

右方是 x 的二次三项式，可以选取 s 的值使它成为完全平方，这只需其判别式为零，即 s 的值满足：

$$d^2-4(c+2s)(c^2-e+2sc+s^2)=0.$$

这是 s 的三次方程，可以按前面所述方法(或卡尔丹公式)得到满足此方程的的实数值. 再将此 s 的值代入前式，就得到两边都是平方的方程，两边同时开方，可得到两个二次方程，就可以解出 x 的四个值了.

5.2 五次方程

上节给出的一、二、三、四次方程的解，都是由方程的系数经过加减乘除和开方运算得到的. 这种由加减乘除号和根号组成的表达式称为**根式**(radical expression). 所以由系数经加减乘除和开方运算得到的解,称为**根式**解(radical solution).

1540 年以后,人们集中于探讨五次(和五次以上)方程的根式解，也就是象上节给出的卡尔丹公式那样的解. 但是,近 3 个世纪过去了,许多数学家的努力，纷纷失败. 人们开始怀疑五次以上方程是否有根式解. 因此出现了著名的“五次方程的根式解问题”.

1770 年，大数学家拉格朗日(Lagrange) 发表 200 多页的论文，提出了方程的预解式，指出预解式和方程的根在置换下不变的关系，并猜测到一般五次方程可能无法用根式求解. 但他无法证明，他坦言这个问题“好象是在向人类智慧的挑战”. 拉格朗日的方法启发了后来的阿贝尔和伽罗瓦用置换解决此问题.

拉格朗日的学生，意大利人鲁菲尼(Paolo Ruffini，1765～1822 年)，从 1799 到 1813 年间，提出几种方法，证明一般五次方程式不可能有根式解. 鲁菲尼的证明虽然在使用置换等方面有不少创见，但是有漏洞，未被当时人们接受. [所谓“*n* 次**一般方程**”，就是 *n* 次代数方程，它 *n* 个项(首项为 1 除外)的系数均用不同字母表示，系数都是任意的. 人们希望找到由方程的系数字母经加减乘除和开方得到的根式解. 就象卡尔丹公式那样.]

“五次方程的根式解问题”的最终解决，依赖于两个悲剧少年：阿贝尔、伽罗瓦. 阿贝尔在 1824 年证明了：“**一般五次方程不可能有根式**

解”. 这就是说：以字母为系数的五次方程，不可能有(类似于三次方程卡尔丹公式那样的)根式解的公式. 当然，这并不是说每一个五次方程都没有根式解. 例如方程 $x^5=2$ 显然是有根式解的. 阿贝尔的证明方法也很难推广到五次以上的方程. 此问题的彻底解决依赖于伽罗瓦，他证明了：一个代数方程有根式解当且仅当它的伽罗瓦群是“可解群”. 由此容易推出：五次和五次以上的一般方程不可能用根式解. 对于一个具体的代数方程，伽罗瓦的方法可以判断它是否可根式解. 例如，$x^5-4x+2=0$，虽然看起来简单，但可以判断它没有根式解.

(1) 阿贝尔　阿贝尔(N. H. Abel，1802～1829 年)，只活了 26 岁. 他生于挪威一个小村庄，七个兄妹，父亲是穷牧师. 当时挪威属于丹麦，在拿破伦战争中宣布中立，所以受到英国舰队的进攻和封锁. 战争使家庭和社会都很贫困，整个国家几乎都在挨饿. 阿贝尔 18 岁时父亲去世.

少年时，阿贝尔就读的中学不好. 但 15 岁时学校里来了新的老师浩木保 (B. Holmboe)，引导他学习大学数学，读大数学家欧拉、牛顿、达朗贝尔等的著作. 后经浩木保多方活动，在同事中募捐，并联系助学金，阿贝尔于1821年进入奥斯陆大学学习. 他在学校主要是自学和作研究. 1824 年,他解决了一般五次方程不可能有根式解的问题. 自费将论文以法文印出，寄送给欧洲一些数学家,也送给了高斯. 可是没有反响(高斯去世后发现论文竟然没有打开)，可能它们都不相信证明会是正确的.

图 5.3 阿贝尔

1825 年,阿贝尔和他的朋友争取到政府的资助，到德国访问. 阿贝尔在柏林认识了克列尔(A. L. Crelle 1780～1855)，他是著名的建筑工程师，正准备创办数学期刊，得到阿贝尔的热情支持．克列尔在1926年创办了后来极其著名的数学期刊《纯粹和应用数学杂志》(Journal für die reine und angewandte Mathematik)，第一卷就刊登了阿贝尔的五篇文章，包括一般五次方程无根式解的证明(是1824年稿的充实简化)．第二卷发表了他双周期函数方面的论文．阿贝尔在德国期间，在椭圆函数、阿贝尔函数的研究中取得极重要的进展．

1826年7月,阿贝尔到巴黎．他将一篇意义重大的关于椭圆积分的论文交给勒让得．勒让得看不大懂,就转给柯西．但柯西把他的论文压在抽屉里,“甚至不肯屈尊瞥一眼”．阿贝尔焦急地等待无果．憔悴、沮丧、焦虑、经济困难，一天只能吃一顿饭，身体跨了．他失望地回到柏林，患上了当时很可怕的肺结核病．克雷尔为他谋求教师职位，没有成功．

1827年5月底，阿贝尔回到奥斯陆,身无分文，负债累累，肺结核日渐严重，后来不得不靠借债和做家庭教师维持生活，未婚妻也到朋友家作家庭教师．在病床上他继续研究“椭圆函数”,并将论文寄给许多数学家．在德国的克列尔很关心和同情阿贝尔的处境,想法给他发表论文，寄“稿费”，尽力去为阿贝尔的工作奔走和写信，收集高斯和勒让得的称赞阿贝尔工作的信.

1929 年 4 月 6 日上午，阿贝尔在最后时刻，紧握着相爱已久的未婚妻克里斯汀的手，最后的话是“……我要活下去！我还有很多工作没有做完，……春天来了，我们的日子会变好的……”. 阿贝尔去世后第二天，好友克列尔来信说：德国教育部已决定聘请你为大学教授……希望尽量用好药治病，不要考虑费用问题. 参加葬礼的人们读到此信，无不悲痛欲绝. 好消息来得太迟了，年轻的稀世奇才阿贝尔永远听不到了. 同样听不到的还有其它的荣誉奖励和赞赏.

阿贝尔去世后，雅可比 (C. G. Jacobi)见到阿贝尔的论文，非常吃惊，认为是“我们生活的这个世纪中最重要的数学发现”，却被老爷们压下如石沉大海，他写信抗议. 勒让德到处查找阿贝尔的论文，最后追查到柯西的抽屉里. 因此 1830 年 7 月，巴黎科学院决定颁发给阿贝尔“巴黎科学院研究奖金”，而不知阿贝尔已不在人间.

除了五次方程之外，阿贝尔还研究了一大

类方程,它们的伽罗瓦群是“可交换群”. 后人因此称可交换群为阿贝尔群. 阿贝尔还研究过无穷级数求和. 阿贝尔另一重大成果是所谓椭圆函数(即双周期的复数变量函数), 他通过研究所谓阿贝尔积分,发现了椭圆函数的加法定理、双周期性、椭圆积分的反演. 后来的数学史表明, 这些研究深刻地影响着其他数学分支,发展为阿贝尔函数论,引导到椭圆曲线的研究,并导致费马大定理的最终被证明. C. 埃尔米特说过: 阿贝尔留下的思想可供数学家们研究 150 年.

2001 年,挪威政府为纪念阿贝尔诞生 200 周年, 宣布设立阿贝尔奖,每年奖励一位数学家的一生成就, 奖金为 600 万挪威克朗(现在约合 80 万美元), 被称为数学界的诺贝尔奖.

(2) 伽罗瓦 伽罗瓦(Evariste Galois, 1811 年 10 月 25 日～1832 年 5 月 31 日)是历史上少有的耀眼的明星天才, 他那 20 岁零 7 个月的一生, 创立了最重要最优美的数学理论,改变了世界数学的进程. 伽罗瓦生于巴黎郊区拉赖因堡. 父亲属自由党人, 担任拉赖因堡市长达 15 年, 还任一所学校的校长. 伽罗瓦曾说过“父亲是我的一切”. 伽罗瓦 12 岁以前在母亲的教育下学习了希腊语、拉丁文和算术. 这位聪明有教养的母亲,也把古希腊的英雄主义、浪漫主义带到了儿子稚嫩而聪灵的心间.

图 5.4 伽罗瓦

1823 年 10 月伽罗瓦考入有名的路易·勒·格兰皇家中学, 领奖学金,靠公费生活, 是优等生. 但是第二学季一开始(他刚满 15 岁), 教师和校长认为他体弱, 判断力有待"成熟", 让他重修二年级. 这使他把大部分时间和精力用于学习和探讨课本以外的高等数学. 此后的一段时间, 他直接攻读了勒让德、拉格朗日、欧拉、高斯、雅可比等数学大师的专著. 后来他不再去听任何专业课, 独立地准备“巴黎综合理工学校”(Ecole Polytechnique, 当时全国最高学府)的资格考试, 但结果失败了.

1828年10月,他从初级数学班跳到里夏尔的数学专业班. 里夏尔善于发掘天才, 他的笔记中记载着:“伽罗瓦只宜在数学的尖端领域中工作”,“他大大地超过了全体同学”. 里夏尔帮助伽罗瓦于1828年在《纯粹与应用数学年报》三月号上发表了他8页的第一篇论文《周期连分数一个定理的证明》.

伽罗瓦越来越醉心于数学. 他在拉格朗日和阿贝尔研究的基础上, 天才地提出方程的根组成某种“置换群”的理论(后来被称为伽罗瓦理论), 彻底地解决了五次以上方程的根式解问题. 1829年5～6月间,他接连将两篇关于方程解的论文, 提交给法国科学院. 但均被柯西“丢失”, 后来再也没被发现.

正当伽罗瓦再次报考巴黎综合理工学校,并准备入学考试时,1829年7月2日,他的父亲因牧师的攻击诽谤而自杀了. 这使他的思想开始倾向于共和主义. 他同时在两个战场激情炙烈地冲锋陷阵: 法国1930年的革命的政治战场，方程和群论的数学战场. 在入学考试中，据说伽罗瓦“由于被狂笑声所激怒”，把黑板擦布扔到主考人头上. 他再次落选. 1829 年 10 月 25 日，伽罗瓦被巴黎高等师范大学录取为预备生，这使他有可能继续深造，同时生活费用也有了着落.

此前，伽罗瓦在中学最后一年(1929 年 5 月～6 月)，把关于方程根式解的两篇论文提交给法国科学院. 科学院委托当时最杰出的数学家柯西作鉴定人. 1830 年 1 月 18 日柯西曾计划为此举行一次会议，他在一封信中写道：“今天我应当向科学院提交一份关于年轻的伽罗瓦的工作报告……但因病在家，我很遗憾未能出席今天的会议，希望你安排我参加下次会议，讨论上述议题.” 但是，第二周柯西只是向科学院宣读了他自己的一篇论文，并未介绍伽罗瓦的工作. 这个“事故”很是微妙. 后来的情况表明，论文被柯西“丢失”，从此消失.

1830 年 2 月，伽罗瓦申请科学院的数学大奖，科学院将他的详细论文交给科学院终身秘书傅立叶. 但傅立叶于当年 5 月去世，遗物中也未能找到伽罗瓦的手稿.

1830 年 4 月～6 月，伽罗瓦接连发表了 4

篇短文和简报，证明了5次方程不可根式解，决定了有限域的结构．这在数学史上有重大意义．

1831年1月，伽罗瓦将方程根式解和群论的研究成果，系统整理成文，第3次提交给法国科学院．科学院要求院士泊阿松(Poisson)和拉克劳瓦(Lacroix)对此写出报告．泊松为理解这篇论文绞尽脑汁，据说看了四个月．最后结论是“完全不能理解”．他的报告说：“我们已经尽了最大的努力来试图理解伽罗瓦的证明．他的推理不是足够的清楚，目前我们也还不能判断它们的确切性，对这篇论文中他使用的推理，我们甚至不能够得出任何概念．”——而现在，任何学过域论的大学生，都可以读懂伽罗瓦的手稿而不觉费力了．

当时的法国政治激荡，共和党和保皇党斗争白热化．伽罗瓦热情地投入到政治斗争中去，以至于1830年2月被学校开除，并在第二年6月以“企图暗杀国王”的罪名被捕．不久后又因无证据而被当庭释放．7月，被反动王朝视为危险分子的伽罗瓦再次被捕，并在狱中遭暗枪幸未被击中．1831年4月伽罗瓦出狱．不久，他卷入了与一个医生的女儿斯特凡妮·泊特林的爱情纠纷,她的未婚夫强迫伽罗瓦参加决斗(5 月30 日). 后来有人说这是一场骗局,泊特林的未婚夫德埃宾维尔是法国最好的抢手,而伽罗瓦不会用短枪. 决斗前夜, 伽罗瓦知道厄运难逃, 连夜匆匆给他的政治朋友舍瓦利叶(A. Chevalier)等写长信,把平生的研究结果基本思想扼要写出,并附以论文手稿. 他字迹潦草, 不时中断,在页边上急迫地写着“我没有时间了,我没有时间了”. 信的开头说:“我在解析数学中,创造了多种新成果新方法……我想把这些悬而未决的问题,全部解决,奉献在人们面前,但是,我没有时间了,我心里多么难受”. 这些语言,今天读来仍令人辛酸. 他在信中要他朋友“公开请雅可比或高斯发表意见,不是对这些定理的正确性,而是对这些定理的重要性. 我希望将来有人看到我的定理,这些对于消除所有有关的混乱是有益的”.

第二天, 1832 年 5 月 30 日清晨, 双方相距 25 步决斗. 伽罗瓦孤身一人,被打穿腹部而弃之不理. 数小时后,被过路的农民发现送到医院. 过了一天, 这个才 20 青春的天才就含恨离开了人世. 他的研究生涯才 5 年, 却结束了人类两千年的迷茫, 开启了后世几百年的数学现代化. 他的死使数学的历史车轮至此一时停转，几十年之后才得复原重新向前.

伽罗瓦死后，舍瓦利叶把他的信发表(1832年9月). 14年后的1846年，他的论文手稿才由法国数学家刘维尔(1809～1882年)编辑发表在他的极有影响的《纯粹与应用数学杂志》上，并向数学界推荐. 1897年被重印. 更完整的信件和手稿集在1962年出版. 1870年法国数学家约当根据伽罗瓦的思想，写了《论置换与代数方程》一书，系统阐述了他的思想.

伽罗瓦的最主要成就，就是提出了群的概念，并应用于方程的根的研究. 这实际上是开创了近世抽象代数学，开启了数学的现代化. 抽象的群的概念和应用，不但彻底解决了任意次代数方程的根式解这个300多年的难题，还发展出丰富的抽象代数理论. 由这些代数理论，才可以十分圆满彻底地解决(和深透理解)多项历史难题，如古希腊的三等分角，立方倍积，化圆为方问题，正多边形作图问题等. 现在，抽象代数学已经发展和渗透到各个方面，在数学、物理、化学、信息通讯，计算机等的理论和应用中都起着基本的作用. 当年也许正是因为伽罗瓦思想的先进性，超越他的时代太多，才令众多权威看不懂，才引至先觉者的孤独悲哀和激愤. 这也许是天才常遇的运命，真理前行的规律.

5.3 方程可根式解的条件

考虑 n 次代数方程 $f(x)=0$，这里 $f(x)$是 n 次多项式($n\geqslant 1$)，系数 $a_i(0\leqslant i\leqslant n)$都属于某个数域 F，例如实数域或者有理数域.

我们称方程 $f(x)=0$ 在 F 上**可根式解**(solvable by radicals over F)，是指它的解都可由方程的系数经过有限步加减乘除和开方运算得到. 这显然相当于如下事实：F 有扩域 K，它包含 $f(x)$的所有复根，且含有扩张塔

$$F\subset F_2\subset F_3\subset\cdots\subset F_{s+1}=K,$$

使得

$$F_{i+1}=F_i(\alpha_i),\quad \alpha_i^{n_i}=c_i\in F_i$$

($0\leqslant i\leqslant n$，且记 $F=F_1$).

上述扩张塔称为 K 在 F 上的根塔. 因为由 $\alpha_i^{n_i}=c_i$知道

$$\alpha_i=\sqrt[n_i]{c_i},$$

所以 K 中的元素都可由 F 中的数经过加减乘

除和开方得到. 因此含于K中的$f(x)$的复根都是根式解.

我们将看到，当F_i含n_i次单位根时，添加$\alpha_i=\sqrt[n_i]{c_i}$的扩张F_{i+1}/F_i都是循环扩张. 而添加单位根的扩张都是阿贝尔扩张. 这样就可推出：$f(x)=0$ 可根式解的条件是它的根含于某阿贝尔扩张塔K之中，这又相当于$f(x)$的伽罗瓦群(即其分裂域的伽罗瓦群)有阿贝尔子群链. 确切言之,我们将证明

引理 5.1 (1) x^m-1 在域 F 上的分裂域 $F(\zeta_m)$(称为 F 上的 m 级分圆域)的伽罗瓦群是阿贝尔群(即交换群).

(2) 如果 F 含 m 次本原单位根，则 x^m-c 在 F 上的伽罗瓦群是循环群，且阶是 m 的因子.

(3) 如果 $m=p$ 为素数,F 含 p 次本原单位根,E/F 是 p 次循环扩张,则 $E=F(\alpha)$, $\alpha^p=c\in F$.

(4) 设域 $K\supset F$, 则 $G_{f/K}\subset G_{f/F}$, 这里 $G_{f/K}$ 和 $G_{f/F}$是 $f(x)\in F[x]$在 K 和 F 上的伽罗瓦群.

现在看方程有根式解的条件. 如果方程

$f(x)=0$在 F 上可根式解，则有上述根塔 $F\subset F_2\subset F_3\subset\cdots\subset F_{s+1}=K$，且 $F_{i+1}=F_i(\alpha_i)$，$\alpha_i^{n_i}=c_i\in F_i$. 我们不妨设 K/F 是正规扩张. 事实上，假若 K^N/F 是含 K 的最小正规扩张，则 K^N 由 K 的所有共轭 σK 生成(复合成)($\sigma\in \mathrm{Gal}(K^N/F)$)，因为 $F\subset\sigma F_2\subset\sigma F_3\subset\cdots\subset\sigma F_{s+1}=\sigma K$，所以 K^N 由所有 $\sigma\alpha_i$ 在 F 上生成($\sigma\in\mathrm{Gal}(K^N/F)$，$0\leqslant i\leqslant n$)，由此可得 K^N 的根塔，与 K 的根塔有相同的次数 n_i.

设诸 n_i 的最小公倍数为 n_0，而 ζ 是 n_0 次本原单位根. $K(\zeta)/F$ 也是正规扩张，且有根塔

$$F\subset F(\zeta)\subset F_2(\zeta)\subset\cdots\subset F_{s+1}(\zeta)=K(\zeta).$$

设 E/F 是 f 的分裂域，$G=\mathrm{Gal}(E/F)$，$G^*=\mathrm{Gal}(K(\zeta)/F)$. 由引理 1(2)知道 $F_{i+1}(\zeta)/F_i(\zeta)$都是循环扩张. 记 $G_i^*=\mathrm{Gal}(K(\zeta)/F_i)$. 于是我们知道

$$G^*=G_1^*\rhd G_2^*\rhd\cdots\rhd G_{s+1}^*=\{1\},$$

(其中 $G\rhd H$ 或 $H\lhd G$ 表示 H 是群 G 的正规子群，即 $gH=Hg$，对任意 $g\in G$)，而且商群

$$G_i^*/G_{i+1}^*\cong\mathrm{Gal}(F_{i+1}(\zeta)/F_i(\zeta))\quad(i=0,\cdots,s)$$

都是阿贝尔群(这里记 $F_0(\zeta)=F$). 有这样子群链的群 G^* 称为**可解群**(solvable group)，这样的子群链称为阿贝尔序列. 下面将证明：可解

群的子群和商群都是可解群. 这就引至**伽罗瓦的著名定理**: 方程可根式解当且仅当其伽罗瓦群是可解群. 详言之:

定理 5.1(伽罗瓦判则) 方程 $f(x)=0$ 在 F 上可根式解的充分必要条件是: $f(x)$在 F 上的伽罗瓦群是可解群(即有阿贝尔序列).

只需再证充分性: 若 $f(x)$在 F 上的伽罗瓦群 $G=\mathrm{Gal}(E/F)$是可解群,有阿贝尔序列 $G=G_1\triangleright G_2\triangleright\cdots\triangleright G_{s+1}=\{1\}$. 设 G 的阶为 n, ζ 是 n 次本原单位根. 则 $G^*=\mathrm{Gal}(E(\zeta)/F(\zeta))$ 是$\mathrm{Gal}(E/F)$的子群(引理 1(4)), 所以也是可解的,设其阿贝尔序列为

$$G^*=G_1^*\triangleright G_2^*\triangleright\cdots\triangleright G_{s+1}^*=\{1\}.$$

我们不妨设 G_i^*/G_{i+1}^* 都是阶为素数 p_i 的循环群,(因 G_i^*/G_{i+1}^*是阿贝尔群, 有素数阶循环子群链 $G_i^*/G_{i+1}^*\triangleright H_{i-1}\triangleright\cdots\triangleright H_1=\{1\}$,它对应着子群链 $G_i^*\triangleright\widetilde{H}_{i-1}\triangleright\cdots\triangleright G_{i+1}^*$(因商群的子群与含 G_{i+1}^*的子群一一对应). 将这样的子群链段都加入到 G^* 的阿贝尔序列, 就可“加细”此序列使相邻子群的商群为素数阶的循环群).

由伽罗瓦理论, 此子群降链对应着子域升链

$$F_1 = F(\zeta) \subset F_2 \subset \cdots \subset F_{s+1} = E(\zeta),$$

其中 $G_i^* = \mathrm{Gal}(E(\zeta)/F_i)$. 所以 $\mathrm{Gal}(F_{i+1}/F_i) \cong G_i^*/G_{i+1}^*$是阶为 p_i 的循环群. 因 p_i 是 n(G 的阶)的因子，由引理 1(3)知道 $F_{i+1}=F_i(\alpha_i)$，$\alpha_i^{p_i}=c_i \in F_i$. 这说明 $E(\zeta)$在 $F(\zeta)$上(从而在 F 上)有根塔. 故 $f(x)=0$ 在 F 上可根式解.

引理 5.1 的证明　(1) x^m-1 的 m 个根(即单位根)全体记为 W_m，是乘法循环群. $G=\mathrm{Gal}(F(\zeta_m)/F)$限制到 W_m 上，成为 W_m 的自同构群的子群 $\mathrm{Aut}(W_m)$. $\mathrm{Aut}(W_m)$是循环群的自同构群，故是阿贝尔群(把循环群 W_m 的生成元 ζ_m 映射到另一个生成元 ζ_m^k，即为 W_m 的一个自同构,其中 k 与 m 互素,$1\leqslant k<m$). 而限制映射显然是群的单同态. 所以 G 实为 $\mathrm{Aut}(W_m)$的子群，当然是阿贝尔群.

(2) 设 x^m-c 的分裂域为 E. 若 $\alpha \in E$ 是 $x^m=c$ 的任一根，则 $\zeta_m^k\alpha$ 恰为 $x^m=c$ 的 m 个根($k=0,\cdots,m-1$)，所以 $E=F(\alpha)$. 设 $\sigma \in G=\mathrm{Gal}(E/F)$，则 $\sigma(\alpha)=\xi_m^{s(\sigma)}\alpha$ 对某 $s(\sigma)$成立($0\leqslant s(\sigma)\leqslant m-1$). 对应 $\sigma \mapsto \xi_m^{s(\sigma)}$引起 G 到 W_m 的映射，这是群的单射同态. 故 G 同构于 W_m 的某个子群，自然是循环群.

(3) 任取 $\alpha \in E/F$，则 $E=F(\alpha)$(因为 E/F

是素数次扩张). 设$G=\mathrm{Gal}(E/F)=\{\sigma^k\}(k=0,\cdots,p-1)$. 记$\alpha_k=\sigma^k\alpha$, 于是$\alpha_0=\alpha$, $\sigma\alpha_k=\alpha_{k+1}$. 令

$$\lambda_k = L(\zeta_p^k,\alpha) = \alpha_0 + \zeta_p^k\alpha_1 + \zeta_p^{2k}\alpha_2 + \cdots + \zeta_p^{(p-1)k}\alpha_{p-1}, \qquad (*)$$

则易知$\lambda_k^p\in F$, 事实上

$$\sigma\lambda_k = \alpha_1 + \zeta_p^k\alpha_2 + \zeta_p^{2k}\alpha_3 + \cdots + \zeta_p^{(p-1)k}\alpha_0 = \zeta_p^{-k}\lambda_k,$$

$$\sigma\lambda_k^p = (\zeta_p^{-k}\lambda_k)^p = \lambda_k^p.$$

当$k=0,\cdots,p-1$时, $(*)$式构成一个线性方程组($\{\alpha_i\}$看作p个"未知数"), 解此方程组(用克拉玛法则, 或用逐步消去未知数的方法)可以得到

$$\alpha_i = D_i/D \qquad (i=0,\cdots,p-1),$$

其中D和D_i由ζ_p^k和λ_k的加减乘除得到($0\leqslant k\leqslant p-1$). 事实上,

$$D = \det(\zeta_p^{ik}) = \prod_{p-1\geqslant i>j\geqslant 0}(\zeta_p^i - \zeta_p^j)$$

是范德蒙行列式, D_i是将此行列式的第i列换为$(\lambda_0,\lambda_1,\cdots,\lambda_{p-1})$得到. 特别可知

$$E = F(\alpha) = F(\lambda_0,\cdots,\lambda_{p-1}) = F(\lambda),$$

其中λ等于某个不属于E的λ_k. 证毕.

(4) 设$f(x)$的复根为$\alpha_1,\alpha_2,\cdots,\alpha_n$, 则$K_f=K(\alpha_1,\alpha_2,\cdots,\alpha_n)$, $F_f=F(\alpha_1,\cdots,\alpha_n)$分别为

$f(x)$在 K 和 F 上的分裂域，故 $K_f \supset F_f$. 每个 $\sigma \in G_{f/K} = \mathrm{Gal}(K_f/K)$限制到 F_f 上成为 $\bar{\sigma} \in G_{f/F} = \mathrm{Gal}(F_f/F)$，而且若 $\sigma_1 \neq \sigma_2$ 则 $\bar{\sigma}_1 \neq \bar{\sigma}_2$(因为 σ 由在 f 的复根上的作用决定).

5.4 可解群和对称群

伽罗瓦得出，多项式方程 $f(x)=0$ 可用根式解当且仅当其伽罗瓦群 G 是可解群. 群 G 是**可解群**是指：存在 G 的子群序列(称为**阿贝尔序列**)

$$G = G_0 \rhd G_1 \rhd \cdots \rhd G_{s-1} \rhd G_s = \{1\},$$

其中商群 G_i/G_{i+1}都是阿贝尔群(G_{i+1}是 G_i的正规子群,但不一定是 G 的正规子群) ($i=0,\cdots,s-1$).

例如，阿贝尔群都是可解群. 我们将看到 S_3 和 S_4(即 3 和 4 级置换群)也都是可解群. 而 $S_n(n \geqslant 5)$不是可解群.

定理 5.2 阶为素数幂的群必是可解群.

定义群 G 的**中心**(center) 为与 G 中所有元素都可交换的 G 的元素全体，即

$$C(G)=\{a \mid ax=xa,\ x\in G\}.$$

这是 G 的阿贝尔子群，不是空集，至少含有 G 的单位元 1(或记为 e).

引理 5.2 阶为素数幂的群 G 的中心 $C(G)$ 不是平凡的，即还含有非单位元.

证明 将 G 的元素分为"共轭类"：a 与 b 属于同一个共轭类当且仅当 $b=xax^{-1}$(对某 $x\in G$). 含有 a 的共轭类为 $GaG^{-1}=\{xax^{-1}\mid x\in G\}$. 于是

$$G=Ga_1G^{-1}\cup Ga_2G^{-1}\cup Ga_3G^{-1}\cup\cdots$$

记 $s(a_i)=|Ga_iG^{-1}|$(即 Ga_iG^{-1} 中元素个数)，则 $|G|=s(a_1)+s(a_2)+s(a_3)+\cdots$.

现在对固定的 $a\in G$ 求 $s(a)=|GaG^{-1}|$. 注意 $a=xax^{-1}$ 相当于 $ax=xa$，这样的 $x\in G$ 全体记为 $C(a)$(称为 a 的中心化子)，是一个子群. 易知 $xax^{-1}=gag^{-1}$ 当且仅当 $a=x^{-1}gag^{-1}x=\{g^{-1}x\}^{-1}a(g^{-1}x)$，即 $g^{-1}x\in C(a)$，$x\in gC(a)$. 这就是说，$xax^{-1}=gag^{-1}$ 相当于 x 与 g 在 $C(a)$ 的同一陪集. 所以 $|GaG^{-1}|$ 等于 $C(a)$ 的不同陪集个数. 由 G 对应的 $C(a)$ 的陪集分解

$$G=C(a)\cup g_2C(a)\cup g_3C(a)\cup\cdots\cup g_sC(a),$$

知道

$$s(a)=|GaG^{-1}|=s$$
$$=(G:C(a))=|G|/|C(a)|.$$

如果$|G|=p^n$，p 为素数. 则 $s(a)=|GaG^{-1}|=p^k$(对某非负整数 k). 所以

$$|G|=s(a_1)+s(a_2)+s(a_3)+\cdots$$
$$=p^{k_1}+p^{k_2}+p^{k_3}+\cdots.$$

将相等的 $s_i=p^{k_i}$ 合并在一起，就得到

$$p_n=|G|=m_0+m_1p^1+m_2p^2+\cdots+m_tp^t,$$

其中 m_k 是元素个数为 p^k 的共轭类的个数. 特别要注意的就是 m_0，它就是中心 $C(G)$所含元素个数(因为$|GaG^{-1}|=p^0=1$ 意味着 $GaG^{-1}=a$，即 $a\in C(G)$). 由上式可知，$m_0=|C(G)|$是 p 的倍数,不等于 1，引理 5.2 得证.

定理 5.1 的证明 设$|G|=p^n$,p 为素数. 由引理 5.2 知 $C=C_1=C(G)\neq\{1\}$,是阿贝尔群. 如果 $C\neq G$，考虑商群 G/C(其中每一个元素为 C 的一个陪集$\bar{a}=aC$)，设 G/C 的中心为

$$\bar{C}_2=\{\bar{1},\bar{a}_2,\cdots,\bar{a}_s\}=\{C,a_2C,\cdots,a_sC\}$$
$$(a_1=1),$$

则

$$C_2=\{a_ic\mid c\in C,\quad i=1,\cdots,s\}$$

是 G 的正规子群,且 $\bar{C}_2=C_2/C$. 若 $C_2\neq G$,按同

样方法可求出 C_3. 如此续行，即可得序列

$$\{1\} \lhd C_1 \lhd C_2 \lhd C_3 \lhd \cdots \lhd C_r = G,$$

其中 $\bar{C}_i = C_i / C_{i-1}$ 是阿贝尔群($i=1,\cdots,r$)，所以这就是阿贝尔序列，G 是可解的.

以下介绍一些判断群 G 是可解的方法. G 中的如下形式的元素

$$a^{-1}b^{-1}ab \ (a, b \in G)$$

称为交换子. 由所有交换子生成 G 的子群，记为 G' 或 $G^{(1)}$ (其元素就是有限个交换子之积)，称为 G 的**导出子群**. 显然，当且仅当 G 为阿贝尔群时 $G' = \{1\}$. 而且 G/G' 是阿贝尔群.

引理 5.3 (1) 若 $H \lhd G$ 则 $H' \lhd G$.

(2) $G' \lhd G$.

(3) 当且仅当 $H \supset G'$ 时，G/H 是阿贝尔群.

证明 如果 $\varphi: G \to G_2$ 是群的同态，则 $\varphi(a^{-1}b^{-1}ab) = \varphi(a)^{-1}\varphi(b)^{-1}\varphi(a)\varphi(b) \in G'_2$，所以 $\varphi(G') \subset G'_2$ (当 φ 是满射时二者相等). 如果 $H \lhd G$，则 G 的任一自同构 φ_a: $x \mapsto axa^{-1}$ 限制为 H 的自同态(由 $aH = Ha$ 知道，对 $x \in H$ 有 $y \in H$ 使 $ax = ya$，即 $axa^{-1} = y \in H$)；故 $\varphi_a(H') \subset H'$ (对任意 $a \in G$)，即 $aH'a^{-1} \subset H'$，

$aH'\subset H'a$；这说明 H'是G 的正规子群. 特别，由 $G\lhd G$ 可知导出群G'是G 的正规子群.

G/H 的元素形如$\bar{a}=aH$，故 G/H 为阿贝尔群相当于所有 $\bar{a}^{-1}\bar{b}^{-1}\bar{a}\bar{b}=\overline{a^{-1}b^{-1}ab}=\bar{1}$，即 $a^{-1}b^{-1}abH=H$，亦即 $a^{-1}b^{-1}ab\in H$，就是 $G'\subset H$.

再记$(G')'=G''$或$G^{(2)}$，记$(G^{(k)})'=G^{(k+1)}$. 容易证明 $G^{(k)}$是 G 和$G^{(k-1)}$的正规子群.

定理 5.3 (1) G 为可解群当且仅当其导出子群序列停止于某 $G^{(k)}=\{1\}$(对某自然数 k)，即

$$G\rhd G'\rhd G''\rhd\cdots\rhd G^{(k-1)}\rhd G^{(k)}=\{1\}.$$

(2) 可解群 G 的子群和商群(以及 G 在同态映射下的象)都是可解的. 反之，若群 G 有一个正规子群 H,而 H 和G/H 都是可解的，则 G 是可解群.

证明 (1) 若 $G^{(k)}=\{1\}$则 $G\rhd G'\rhd G^{(2)}\rhd\cdots\rhd G^{(k)}=\{1\}$即是阿贝尔序列，故 G 为可解群. 反之，若 G 为可解群，$G=G_1\rhd G_2\rhd\cdots\rhd G_s\rhd G_{s+1}=\{1\}$为阿贝尔序列，因为 G_i/G_{i+1}是阿贝尔群,所以 $G_i'\subset G_{i+1}(i=1,\cdots,s)$. 特别知 $G'\subset G_2$，从而 $G''\subset G_2'\subset G_3$，如此继续进行可知

$G^{(3)} \subset G_2^{(2)} \subset G_4, \cdots, G^{(k)} \subset G_{k+1}, \cdots$. 所以 $G^{(s+1)} = \{1\}$.

(2) 设 G 是可解群. 若 H 是 G 的子群, 则 $H' \subset G', H^{(k)} \subset G^{(k)} = \{1\}$, 故 H 可解. 若 σ: $G \to L$ 是群的同态映射, 则 $\sigma(G)' = \sigma(G')$, $\sigma(G)^{(k)} = \sigma(G^{(k)}) = \sigma(1) = 1$, 故 $\sigma(G)$ 是可解群. 因为 G 到其商群有自然的同态满映射 $\sigma: G \to G/H, a \mapsto \bar{a} = aH$, 所以可解群的商群也是可解的.

设 G 的正规子群 H 和商群 G/H 均是可解的. 考虑满同态 $\sigma: G \to G/H$, $g \mapsto \bar{g} = gH$, 由 $\sigma(G^{(k)}) = (G/H)^{(k)} = \{1\}$ 知 $G^{(k)} \subset H$. 故 $G^{(k+s)} \subset H^{(s)} = \{1\}$. (对某 s). 所以 G 是可解群.

现在具体看看几种重要的群. 首先考虑阿贝尔群. 有如下定理.

定理 5.4 (阿贝尔群基本定理) 有限阿贝尔群 G 一定可以分解为素数幂阶的循环群的直积, 即

$$\begin{aligned} G &= H(p_1^{a_1}) \times H(p_2^{a_2}) \times \cdots \times H(p_s^{a_s}) \\ &= \{h_1 h_2 \cdots h_s \mid h_i \in H(p_i^{a_i}), i = 1, \cdots, s\} \end{aligned}$$

这里 $p_1, p_2, \cdots, p_s$ 为素数, 不一定互异, $H(p_i^{a_i})$ 是 $p_i^{a_i}$ 阶的循环群, 相互之间的交只有 $\{1\}$ ($i = 1, \cdots, s$).

$$(h_1h_2\cdots h_s)(h'_1h'_2\cdots h'_s)=h_1h'_1h_2h'_2\cdots h_sh'_s.$$

这个定理的严格证明我们就略去了,举 2 个典型的例子说明.

例 1 设 G 为 6 次单位根群,即 $G=\{1,\zeta,\zeta^2,\zeta^3,\zeta^4,\zeta^5\}$,其中 $\zeta=\zeta_6=e^{i2\pi/6}$. G 有两个子群:二次单位根群 $H(2^1)=\{1,-1\}$,三次单位根群 $H(3^1)=\{1,\zeta^2,\zeta^4\}$. 于是 $G=H(2^1)\times H(3^1)$, 其元素为 $1,\zeta^2,\zeta^4,-1,-\zeta^2=\zeta^5,-\zeta^4=\zeta$.

例 2 设 $G=\{(a,b)\}$, 这里 $a,b=\pm1,(a,b)(a',b')=(aa',bb')$. 所以 G 共有 4 个元素: $(1,1)$, $(1,-1)$, $(-1,1)$, $(-1,-1)$, 其中 $(1,1)$是 G 的单位元,也可记为 1. G 有 3 个二阶子群:

$$H_1=\{(1,1),(1,-1)\},$$
$$H_2=\{(1,1),(-1,1)\},$$
$$H_3=\{(1,1),(-1,-1)\}.$$

显然 $G=H_1\times H_2=H_1\times H_3=H_2\times H_3$.

定义 5.1 如果 G 没有正规真子群(即除 G 和$\{1\}$之外的正规子群),则称 G 为**单群**.

易知阿贝尔群 G 为单群当且仅当 G 的阶 $|G|$是素数. 这是因为,阿贝尔群 G 的子群都是正规的, G 为单群当且仅当 G 没有真子群, 这

相当于G的阶$|G|$是素数.

现在考虑 n 级对称群,即集合$\{1,2,\cdots,n\}$到自身的双射(称为置换)全体. 有一类置换很特殊, 即只有一对数字互相交换(其余元素不动), 这样的置换称为对换. 例如 (12), (25), 都是对换. 可以证明, S_n 中的每个置换σ 必可写为有限个对换之积(即从右向左陆续作用), 也就是说

$$\sigma = \tau_1\tau_2\cdots\tau_s,$$

其中 τ_i 是对换. 虽然这些 τ_i 不是唯一的,但它们的个数的奇偶性是唯一的. 如果 s 是奇数就称σ 是奇置换; 而若 s 是偶数就称σ 是偶置换. 例如$(12345)=(12)(23)(34)(45)$是偶置换. 易知奇数长的循环$(i_1 i_2\cdots i_{2k-1})$必是偶置换, 偶数长的循环是奇置换.

显然, 两个偶置换之积仍是偶置换, 恒等映射(1)是偶置换. 所以 S_n 中的所有偶置换全体A_n 是一个群, 称为**交错群**. 易知$|S_n|=n!$, $|A_n|=n!/2$. 这是因为,$\sigma\in S_n$ 对$\{1,2,\cdots,n\}$的作用结果为$\{\sigma(1),\sigma(2),\cdots,\sigma(n)\}$有 $n!$ 种可能: $\sigma(1)$ 有 n 种可能; 在 $\sigma(1)$确定之后,$\sigma(2)$有 $n-1$ 种可能;$\cdots$. 任取 S_n 中一个奇置换τ, 例如取为对换 $\tau=(12)$. 则

$$\tau A_n = \{\tau\omega \mid \omega \in A_n\}$$

恰为 S_n. 所以偶置换正好占置换的一半.

S_3 是可解群. 事实上,我们有阿贝尔序列

$$S_3 \rhd A_3 \rhd \{1\},$$

其中 $S_3=\{(1),(123),(321)\}$是循环群(当然也就是阿贝尔群),因为 $(123)^{-1}=(123)^2=(321)$. 商群 S_3/A_3 是 2 阶群(当然也是阿贝尔群).

S_4 也是可解群,有阿贝尔序列

$$S_4 \rhd A_4 \rhd B \rhd C \rhd \{1\},$$

其中

$$B=\{1,\ (12)(34),\ (13)(24),\ (14)(23)\},$$

$$C=\{1,\ (12)(34)\}.$$

可直接验证 B 是 A_4 的正规子群(验证左陪集等于右陪集),因 A_4/B 是 3 阶群,自然是阿贝尔群. 又因 B 是阿贝尔群(这称为克莱因四元群),所以知道上述确实是 S_4 的阿贝尔序列.

S_2,S_3,S_4 都是可解群,相应地,二,三,四次代数方程都有根式解,而且由群的上述阿贝尔序列可以得出方程根式解的公式. 另一方面,下面的定理说明,$n(\geqslant 5)$次的一般代数方程(即系数是字母的方程,其伽罗瓦群是 S_n)不可能根式解.

定理 5.5(伽罗瓦) 当 $n\geqslant 5$ 时,A_n 是单群,A_n 和 S_n 都不是可解群.

证明 假设 $H(\neq 1)$是 A_n 的正规子群,我们要证明 $H=A_n$.

(1) 设 σ 是 H 中固定元素最多的置换(即满足$\sigma(i)=i$的 $1\leqslant i\leqslant n$ 最多). 我们断言 σ 是三循环(即可写为(jkm)形式). 否则, σ 写为无公共元素的循环之积时,必为如下式之一:

$$\sigma_1=(123\cdots)\cdots,$$

$$\sigma_2=(12)(34)\cdots.$$

(这里只是用 1,2,3,4,…标记 σ 变动的元素). 注意$\sigma\neq(123i)$(后者是奇置换),故σ_1 至少还要变动两个元素, 设为 4,5. 令 $\tau=(345)$, 则

$$\rho_1=\tau\sigma_1\tau^{-1}=(124\cdots),$$

$$\rho_2=\tau\sigma_2\tau^{-1}=(12)(45)\cdots.$$

若 $k>5$ 被 σ 固定, 则被 $\theta=\sigma^{-1}\tau\sigma\tau^{-1}$ 固定. 当$\sigma=\sigma_1$时, θ 固定 1, 故 θ 比 σ 的固定元素多, 矛盾. 当 $\sigma=\sigma_2$ 时, θ 固定 1 和 2, 也比 σ 的固定元素多. 故知 σ 是三循环.

(2) 不妨记上述 $\sigma=(123)\in H$. 我们断言任意三循环(ijk)必属于 H. 事实上,作 n 级偶置换

$$\tau = \begin{pmatrix} 1 & 2 & 3 & 4 & 5 & \cdots \\ i & j & k & l & m & \cdots \end{pmatrix},$$

(即 $\tau(1)=i$, $\tau(2)=j$ 等). 则

$$\tau(123)\tau^{-1} = \{ijk\}.$$

(3) 现在证明 A_n 由三循环生成. 这是因为 A_n 中的置换都可以写为偶数个对换之积, 而 $(1i)(1j)=(1ji)$, $(12)(34)=(12)(23)(23)(34)=(231)(342)$. 因为已证 H 含有所有三循环, 故知 $A_n=H$, 所以 A_n 为单群.

(4) A_n 的导出子群 A'_n 是其正规子群, 故 $A'_n=A_n$ 或 $\{1\}$ (因为 A_n 是单群). 若 $A'_n=\{1\}$, 则 A_n 是阿贝尔群, 不可能(例如(123)与(12)不可换). 所以 $A'_n=A_n$, 由定理 5.3 知 A_n 不可解. 于是 S_n 也不是可解群.

设 G_1 是 $G=G_0$ 的一个极大正规子群(即不存在 H 使得 $G \rhd H \rhd G_1$ 而且 $G \neq H \neq G_1$), 而 G_2 是 G_1 的一个极大正规子群, 如此继续下去. 如果 G 是有限群(即元素个数有限), 则会得到一个正规序列

$$G = G_0 \rhd G_1 \rhd \cdots \rhd G_{t-1} \rhd G_t = \{1\},$$

其中 G_{i+1} 都是 G_i 的最大正规子群($i=1,\cdots,s$), 这样的序列称为**合成序列**. 而 G_i/G_{i+1} ($i=0,1,\cdots,t-1$) 称为**此序列的因子**, 它们都是单群.

t称为序列的长度.

当然,G的合成序列不是唯一的. 例如$G=W_6=\{1,\zeta_6,\zeta_6^2,\cdots,\zeta_6^5\}$是6次单位根群时,有两个不同合成序列:

$$W_6 \rhd \{1,\zeta_6^2,\zeta_6^4\} \rhd \{1\},$$

$$W_6 \rhd \{1,\zeta_6^3\} \rhd \{1\}.$$

但是,两个合成序列的因子组都是$\{C_2,C_3\}$(在同构意义下,即两个因子分别同构于C_2,C_3),其中C_m表示m阶循环群. 一般地有如下定理.

定理 5.6 (1) 有限群G的任意两个合成序列的长度相同,因子组相同(在同构意义下).

(2) 有限群G是可解群的充分必要条件是,其合成序列因子都是素数阶循环群.

我们总结一下:有限群G是可解群有如下充分必要条件:

(1) G有阿贝尔序列.

(2) G的导出子群列$G \rhd G' \rhd G'' \rhd \cdots \rhd G^{(k)}=\{1\}$止于某$G^{(k)}=\{1\}$.

(3) G的任一正规子群和相应商群是可解群.

(4) G的合成序列因子都是素数阶循环群.

还有如下事实：阶为素数幂的群是可解群；当$n\geqslant 5$时，A_n 是单群，A_n 和 S_n 都不是可解群.

关于直尺圆规作图可构作数的问题，对第3章第3.4节的定理3.3，我们现在可以改述为更加完美的如下形式，并给出证明.

定理 5.7 (1) 实数 x 为可构作数，当且仅当 x 属于$\mathbb{Q}$ 的某 2^n 次正规扩张(n 为某非负整数).

(2) 基于实数 $a_1,\cdots,a_s$ 可构作出实数 x，当且仅当 x 属于 $F=\mathbb{Q}(a_1,\cdots,a_s)$的某 2^n 次正规扩张(n 为某非负整数).

(3) 基于复数 $z_1,\cdots,z_t$ 可构作出复数 z，当且仅当 z 属于 $F=\mathbb{Q}(z_1,\cdots,z_t,\bar{z}_1,\cdots,\bar{z}_t)$的某 2^n 次正规扩张(n 为某非负整数).

证明 只需证明(2)，其余类似可得. 首先，如果基于 $a_1,\cdots,a_s$ 可构作 x，由第2章2.6节定理2.2知道，x 属于 F 的某二次扩张塔

$$F_n = F(\sqrt{m_1},\cdots,\sqrt{m_n}).$$

此 F_n 是 F 的 2^n 次扩张，而且我们不妨设 F_n 是 F 的正规扩张. 事实上，当我们取 $m_k\in F_{k-1}=F(\sqrt{m_1},\cdots,\sqrt{m_{k-1}})$，而添加$\sqrt{m_k}$到 F_{k-1}

的时候，我们可以紧接着将$\sqrt{\sigma m_k}$逐一添加到F_{k-1}中，这里σm_k是m_k的共轭元(σ是F_{k-1}到复数域的任意嵌入)．如此进行下去，将所有m_j及其共轭元的平方根都添加之后($j=1,\cdots,n$)，就得到x属于

$$F_N = F(\sqrt{m_1}, \sqrt{\sigma m_1}, \cdots, \sqrt{m_n}, \cdots, \sqrt{\tau m_n}),$$

F_N是F的2^N次扩张(N为正整数)，且是正规扩张；这是因为$\alpha=\sqrt{m_k}$满足$\alpha^2=m_k$，对于F_N到复数域的任意嵌入σ，有$(\sigma\alpha)^2=\sigma(\alpha^2)=\sigma m_k$，故$\sigma\alpha=\pm\sqrt{\sigma m_k}\in F_N$.

反之，如果x属于F的某2^n次正规扩张F_n，于是F_n在F上的伽罗瓦群G是2^n阶群，故是可解群(定理5.1)，所以G有合成序列

$$G = G_0 \rhd G_1 \rhd \cdots \rhd G_{t-1} \rhd G_t = \{1\},$$

序列的因子G_i/G_{i+1}都是2阶群($i=0,\cdots,t-1$)(定理5.5)，这说明$t=n$. 按照伽罗瓦理论，G的子群与F_n的子域是一一对应的(包含顺序相反)，故G的上述合成序列对应于F到F_n的二次扩张塔

$$F = F_0 \subset F_1 \subset \cdots \subset F_{n-1} \subset F_n,$$

其中$F_{i+1}=F_i(\sqrt{m_{i+1}})$是$F_i$的二次扩张($i=0,1,\cdots,n-1$). 故由第2章2.6节定理2.2知道

基于实数 $a_1,\cdots,a_s$ 可构作出实数 x.

5.5 一般方程和有理系数方程

我们已经知道，多项式的伽罗瓦群可以看作其根的置换群，从而是对称群 S_n 的子群. 我们现在介绍 S_n 及其子群(尤其是最大子群,即交错群 A_n)，作为伽罗瓦群的性质(一般不再证明).

设 $f(x)$是数域 F 上的多项式(可设首项系数是1)，有互异复数根 $\alpha_1,\cdots,\alpha_n$,记分裂域 $E=F(\alpha_1,\cdots,\alpha_n)$，伽罗瓦群 $G_f=\mathrm{Gal}(E/F)$. 令

$$D=\prod_{1\leqslant i<j\leqslant n}(\alpha_i-\alpha_j).$$

(f 的根的)偶置换 σ 可以写成(f 的根的)偶数个对换之积，所以不改变 D，即 $\sigma D=D$. 而奇置换 τ 使 $\tau D=-D$. 进一步,可以证明：E 的子域 $F(D)$与 G_f 的子群 $G_f\cap A_n$ 对应(即 $F(D)$是 $G_f\cap A_n$的固定子域). 由此也可知：$D\in F$ 当且仅当 $G_f\subset A_n$，这又相当于 $d=D^2$ 是 F 中元素的平方.

上述 $d=D^2$ 称为 $f(x)$的判别式，属于 F.

易知$f(x)=x^2+bx+c$的判别式为$d=b^2-4c$. 而对于三次方程

$$f(x)=x^3-a_1x^2+a_2x-a_3,$$

$$d=-4a_1^3a_3+a_1^2a_2^2+18a_1a_2a_3-4a_2^3-27a_3^2.$$

特别地,$f(x)=x^3+px+q$ 的判别式为

$$d=-4p^3-27q^2.$$

还容易证明: $f(x)$在 F 上为不可约(即不可分解)当且仅当 G_f 在复数根$\alpha_1,\cdots,\alpha_n$ 集上可迁(即对任意 i,j 必有$\sigma\in G_f$ 使$\sigma\alpha_i=\alpha_j$).

由以上结果容易计算某些多项式 $f(x)$的伽罗瓦群G_f. 例如,若 $f(x)=x^2+bx+c$ 的根互异,则$G_f=A_2=\{1\}$当且仅当 $d=b^2-4c$ 是F中的平方, 否则$G_f=S_2$.

而对于三次多项式 $f(x)=x^3-a_1x^2+a_2x-a_3$,若可约, 则可写为 $f(x)=(x-c_1)g(x)$, 其中 $c_1\in F$; 此时 $G_f=G_g$. 所以我们可设 $f(x)$不可约, 于是 G_f 在根集上可迁, 故 $G_f=A_3$ 或 S_3, 分别当判别式 d 是或不是 F 中的平方元.

所谓"一般方程", 是指如下形式的方程

$$f(x)=x^n+a_{n-1}x^{n-1}+\cdots+a_1x+a_0=0,$$

这里 $a_0,\cdots,a_{n-1}$ 是互异的"不定元"(就是不同的字母, 可以任意赋予意义,不看作固定的数). 对任意数域 F(例如有理数域), 一般方程

的系数属于域$K=F(a_0,a_1,\cdots,a_{n-1})$，即是$a_0,\cdots,a_{n-1}$的有理式(以 F 中数为系数)．一般方程的(在 F 上的)根式解就是 K 中元素的加减乘除和开方得到的解．例如，$n=2,3,4$ 时，一般方程有根式解(即卡尔丹公式，二次方程根的公式)．

由于 n 次一般方程的系数$a_0,\cdots,a_{n-1}$是不定元,可以随意取值，可以想见它的根之间的关系是最“一般化”的，没有什么特别限制．所以它的伽罗瓦群应当是 S_n. 而当 $n\geqslant 5$ 时 S_n 不是可解群，所以有如下定理.

定理 5.8 (1) n 次一般方程的伽罗瓦群是 S_n.

(2) n 次一般方程当 $n\geqslant 5$ 时不可根式解.

当 $n\leqslant 4$ 时，伽罗瓦群 S_n 的可解性(及其阿贝尔序列)，也给出 n 次一般方程的根式解法，能够由此得到卡尔丹公式．先看三次一般方程

$$f(x)=x^3+a_2x^2+a_1x+a_0$$
$$=(x-\alpha_1)(x-\alpha_2)(x-\alpha_3)=0,$$

令 $x=y-a_2/3$ 化为

$$y^3+py+q=0.$$

设域 $F=\mathbb{Q}(w)=\mathbb{Q}(\sqrt{-3})$含三次单位根 $w=$

$(-1+\sqrt{-3})/2$ 和 $w^2=(-1-\sqrt{-3})/2$. 记 $K=F(p,q)$. 方程的伽罗瓦群 $S_3=\mathrm{Gal}(E/K)$ 有如下合成序列:

$$S_3 \rhd A_3 \rhd \{1\}.$$

A_3 对应的(分裂域 E 的)子域是 $K(D)=K(\sqrt{d})$,其中 $d=D^2=-4p^3-27q^2$ 是判别式. 所以 $E/K(\sqrt{d})$ 是三次循环域(其伽罗瓦群是 A_3),故应当 $E=K(\sqrt{d},\sqrt[3]{\lambda})$. 我们现在按 5.4 节引理 5.3(3)证明中的方法寻找 λ. 设 $y^3+py+q=0$ 的三个解为 $\alpha_0,\alpha_1,\alpha_2$,则 Lagrange 预解式为

$$\lambda_k=L(w^k,\alpha)=\alpha_0+w^k\alpha_1+w^{2k}\alpha_2.$$

即

$$\lambda_0=\alpha_0+\alpha_1+\alpha_2=0,$$
$$\lambda_1=\alpha_0+w\,\alpha_1+w^2\alpha_2,$$
$$\lambda_2=\alpha_0+w^2\alpha_1+w\,\alpha_2.$$

由此(解线性方程组)即得到 $y^3+py+q=0$ 三个解为

$$\alpha_0=(\lambda_1+\lambda_2)/3,$$
$$\alpha_1=(w^2\lambda_1+w\,\lambda_2)/3,$$
$$\alpha_2=(w\,\lambda_1+w^2\lambda_2)/3.$$

所以只要再求出 λ_1,λ_2 即可. 注意

$$\sqrt{d}=(\alpha_0-\alpha_1)(\alpha_1-\alpha_2)(\alpha_0-\alpha_2)=\alpha_0^2\alpha_1+\alpha_1^2\alpha_2+\alpha_2^2\alpha_0-(\alpha_0\alpha_1^2+\alpha_1\alpha_2^2+\alpha_2\alpha_0^2),$$

记

$$u=\alpha_0^2\alpha_1+\alpha_1^2\alpha_2+\alpha_2^2\alpha_0+(\alpha_0\alpha_1^2+\alpha_1\alpha_2^2+\alpha_2\alpha_0^2),$$

则经计算可得

$$\lambda_1^3=\alpha_0^3+\alpha_1^3+\alpha_2^3-3u/2+3\sqrt{-3d}/2+6\alpha_0\alpha_1\alpha_2.$$

再由

$$\alpha_0^3+\alpha_1^3+\alpha_2^3+3u+6\alpha_0\alpha_1\alpha_2=(\alpha_0+\alpha_1+\alpha_2)^3=0,$$

$$u+\alpha_0\alpha_1\alpha_2=(\alpha_0\alpha_1+\alpha_1\alpha_2+\alpha_2\alpha_0)(\alpha_0+\alpha_1+\alpha_2)=0$$

得到

$$\lambda_1^3=-9u/2+3\sqrt{-3d}/2=-27q/2+3\sqrt{-3d}/2.$$

将 λ_1^3 中的 w 与 w^2 交换，就得到 λ_2^3：

$$\lambda_2^3=-27q/2-3\sqrt{-3d}/2.$$

再开立方就得到 λ_1,λ_2，就得到了 $y^3+py+q=0$ 的解 $\alpha_0,\alpha_1,\alpha_2$，也就得到了一般三次方程的根式解，即卡尔丹公式.

对于四次一般方程，也可与三次方程类似地得出根式解.

关于以有理数为系数的方程 $f(x)$，有以下重要结果：

(1) 设 $f(x)$是有理系数不可约多项式，次数为素数 p. 若 $f(x)=0$ 恰有两个虚数根，则其伽罗瓦群为对称群 S_p(从而当 $p\geqslant 5$ 时不可根式解).

(2) 对任意正整数 n,存在有理系数多项式 $f(x)$和 $g(x)$,其伽罗瓦群分别为 S_n 和 A_n.

(3) 对任意有限可解群 G, 存在有理系数多项式，其伽罗瓦群为 G.

6 化圆为方——π的超越性

6.1 超越数定理

我们已经知道，有理系数多项式的复数根称为代数数. 不是代数数的复数称为超越数. 用尺规作图化圆为方之所以不可能，就是因为圆周率 π 是超越数. 本章就来证明此事实.

1874 年,康托尔(*G. Cantor*，1845～1918)证明了,代数数集合 **A** 与自然数集合N 之间可以建立一一对应. 这就证明了超越数是存在的,而且还比代数数“多很多”.

1873 年,埃尔米特(Hermite,1822～1901)

首次证明了自然对数底数 e=2.71828…是超越数. 1882 年,德国数学家林德曼(Carl Louis Ferdinand von Lindemann, 1852～1939)证明了 π 是超越数, 从而严格证明了尺规化圆为方的不可能. 1900 年, Hilbert 把判定某些数是超越数列入他著名的 23 个世纪问题. 后来,Gelfond 和 Kuzmin(1891～1949) 又发现一些超越数.

在超越数理论中,最重要的是林德曼-维尔斯特拉斯定理. 我们现在介绍和证明此定理.

先明确一些概念和名词. 设 F 是一个数域,α 是复数. 如果存在系数属于 F 的多项式 $f(x)$使 $f(\alpha)=0$(即 α 是 $f(x)$的根), 则称 α 在 F 上是代数的; 否则称为在 F 上是超越的. 当 $F=\mathbb{Q}$ 为有理数时, 若 α 在$\mathbb{Q}$ 上是代数的, 则称 α 是代数数,否则称为超越数. 代数数全体记为 $\mathbf{A}$,容易证明这是一个域,称为全代数数域(也就是说, 两个代数数的和、差、积、商都仍然是代数数).

设 $\alpha_1,\cdots,\alpha_n$ 是复数, F 是一个数域. 对于 $\lambda_1,\cdots,\lambda_n\in F$, 表达式 $\lambda_1\alpha_1+\cdots+\lambda_n\alpha_n$ 称为 $\alpha_1,\cdots,\alpha_n$ 在 F 上的**线性组合**. 如果有不全为零的 $\lambda_1,\cdots,\lambda_n$ 使得 $\lambda_1\alpha_1+\cdots+\lambda_n\alpha_n=0$, 则称

$\alpha_1,\cdots,\alpha_n$ 在F 上**线性相关**；否则称为**线性无关**. 当 $n=1$ 时，一个复数 α 在 F 上线性相关(或无关)就相当于 α 为零(或非零). 如果存在系数属于 F 的 $x_1,\cdots,x_n$ 的非零多项式 $F(x_1,\cdots,x_n)$ 使得$F(\alpha_1,\cdots,\alpha_n)=0$,则称 $\alpha_1,\cdots,\alpha_n$ 在 F 上**代数相关**；否则称为**代数无关**. 当 $n=1$ 时，一个复数 α 在 F 上代数无关(或相关)就相当于在 F 上是超越的(或代数的).

对于任何复数 z,可以由如下级数定义指数 $e^z=\exp(z)$，它仍然是复数：

$$e^z=\exp(z)=1+z+\frac{z^2}{2!}+\frac{z^3}{3!}+\cdots+\frac{z^n}{n!}+\cdots.$$

由此级数容易证明，指数有性质：$e^z e^y=e^{z+y}$.

定理 LW（超越数定理，林德曼-维尔斯特拉斯（Lindemann-Weierstrass）定理） 设 $\alpha_1,\cdots,\alpha_n$ 是在 $\mathbb{Q}$ 上线性无关的代数数，则 $e^{\alpha_1},\cdots,e^{\alpha_n}$在 $\boldsymbol{A}$ 上代数无关.

推论 1 若 α 为非零代数数，则 e^α是超越数.

推论 2 自然对数底 $e=2.71828\cdots$是超越数.

推论 3 圆周率 $\pi=3.1416\cdots$是超越数. 所以尺规作图化圆为方不可能.

推论的证明 在定理 LW 中取 $n=1$,就得到推论 1,即 e^{α}是超越数. 取 $\alpha=1$,即知 e 是超越数. 考虑 $e^{\pi i}=\cos\pi+i\sin\pi=-1$, 即知 πi 是超越数(否则导致-1 是超越数,矛盾), 从而 π 为超越数.

图 6.1 化圆为方尺规作图不可能

定理 GLW (广义林德曼-维尔斯特拉斯(Lindemann-Weierstrass)定理) 设 $\alpha_1,\cdots,\alpha_n$ 是互异代数数, 则 $e^{\alpha_1},\cdots,e^{\alpha_n}$ 在 $\mathbf{A}$ 上线性无关.

现在证明, 上述两定理 GLW 和 LW 是等价的. 先设定理 GLW 正确. 设 $\alpha_1,\cdots,\alpha_n$ 是在$\mathbb{Q}$上线性无关的代数数. 对任一正整数 r, 考虑互异非负整数序列$(k_{1i},\cdots,k_{ni})$(对 $i=1,\cdots,r$),

则 $\sum\limits_{1\leqslant m\leqslant n}\alpha_m k_{mi}$ 互异（对 $i=1,\cdots,r$），由定理 GLW 知如下 r 个复数在 $\mathbf{A}$ 上线性无关：

$$\sum_{1\leqslant m\leqslant n}(\mathrm{e}^{\alpha_m})^{k_{mi}}=\exp\Big(\sum_{1\leqslant m\leqslant n}\alpha_m k_{mi}\Big)$$

$$(i=1,\cdots,r).$$

而这又说明 $\mathrm{e}^{\alpha_1},\cdots,\mathrm{e}^{\alpha_n}$ 在 $\mathbf{A}$ 上代数无关(因为 $\mathrm{e}^{\alpha_1},\cdots,\mathrm{e}^{\alpha_n}$ 的多项式即是若干个单项式 $\prod\limits_{1\leqslant m\leqslant n}(\mathrm{e}^{\alpha_m})^{k_{mi}}$ 在 $\mathbf{A}$ 上的线性组合)．这就推出定理 LW 是正确的．

反之，假设定理 LW 是正确的．设 $\alpha_1,\cdots,\alpha_n$ 是互异代数数．$\alpha_1,\cdots,\alpha_n$ 在 $\mathbb{Q}$ 上的线性组合全体构成的集合 $V=\mathbb{Q}\alpha_1+\cdots+\mathbb{Q}\alpha_n$ 是一个线性空间(即 V 中元素在 $\mathbb{Q}$ 上的线性组合仍属于 V)．易知 V 中有基 $\beta_1,\cdots,\beta_s$(即 V 中任一元素可以唯一表示为 $\beta_1,\cdots,\beta_s$ 的在 $\mathbb{Q}$ 上的线性组合)，从而每个 $\alpha_i=c_{i1}\beta_1+\cdots+c_{is}\beta_s$ ($c_{ij}\in\mathbb{Q}$, $1\leqslant i\leqslant n$)．这事实上少量使用了线性空间的知识．类似地，稍微使用模(类似于线性空间，稍后再较详细介绍)，可知 $M=\mathbb{Z}\alpha_1+\cdots+\mathbb{Z}\alpha_n$ 是一个自由模，存在基(复数) $z_1,\cdots,z_s$ 使得每个 $\alpha_i=k_{i1}z_1+\cdots+k_{is}z_s$ ($k_{ij}\in\mathbb{Z}$, $1\leqslant i\leqslant n$)．于是

$$\mathrm{e}^{\alpha_i}=\exp(k_{i1}z_1+\cdots+k_{is}z_s)$$

$$= \exp(z_1)^{k_{i1}} \cdots \exp(z_s)^{k_{is}}.$$

由此可知 $e^{\alpha_1}, \cdots, e^{\alpha_n}$ 在 $\boldsymbol{A}$ 上线性无关(否则其非零组合为零,即 $\exp(z_1), \cdots, \exp(z_s)$ 在 $\boldsymbol{A}$ 上代数相关,与定理 LW 矛盾). 这就证明了定理 LW 与 GLW 是等价的.

以下逐步证明定理 GLW.

6.2 整性和模

现在介绍一些模、代数性和整性的知识,为定理 GLW 的证明作准备.

我们回忆,说 R 是一个环, 是指 R 是一个集合,其中元素可以加减乘. 详言之,A 的元素之间有两种运算,分别记为加法和乘法, R 对加法是阿贝尔群, 乘法满足结合律, 乘法对加法满足分配律. 如果环 R 中的乘法还满足交换律(即 $ab=ba$ 对任意 $a,b\in R$ 成立), 则称 R 为交换环. 如果环 R 中有一个元素 e 使得 $ea=ae=a$ 对所有 $a\in R$ 成立,则称 e 为 R 的单位元, 常记 e 为 1, 并称 R 为含幺环. 对含幺交换环 R 中元素 a,如果存在 b 使 $ab=ba=1$,则称 a 可逆(或可逆元, 单位). 环中的可逆元集合是一个乘法群.

例如整数集$\mathbb{Z}$是含幺交换环，可逆元集合是$\{1,-1\}$. 系数属于域F的多项式集合$F[x]$是含幺交换环，可逆元集合是F^*，即F的非零元集合.

设R是一个含幺交换环，M是一个加法群，环R与M的元素之间有运算(称为数乘)满足如下条件(对所有$r,r_2\in R,\alpha,\alpha_2\in M$)，则称$M$是$R$模，或$R$上的模：

(1) $r(\alpha+\alpha_2)=r\alpha+r\alpha_2$,

(2) $(r+r_2)\alpha=r\alpha+r_2\alpha$,

(3) $(rr_2)\alpha=r(r_2\alpha)$,

(4) $1\alpha=\alpha$.

设$\alpha_1,\cdots,\alpha_s\in M$, $\lambda_1,\cdots,\lambda_s\in R$，表达式$\lambda_1\alpha_1+\cdots+\lambda_s\alpha_s$称为$\alpha_1,\cdots,\alpha_s$在$R$上的线性组合. 如果有不全为零的$\lambda_1,\cdots,\lambda_s$使得$\lambda_1\alpha_1+\cdots+\lambda_s\alpha_s=0$，则称$\alpha_1,\cdots,\alpha_s$在$R$上线性相关；否则称为线性无关.

如果存在$\alpha_1,\cdots,\alpha_s\in M$使得每个$\alpha\in M$可以表为$\alpha=\lambda_1\alpha_1+\cdots+\lambda_s\alpha_s$，则称$\alpha_1,\cdots,\alpha_s$是$M$的生成元集，称$M$是有限生成的. 如果$\alpha_1,\cdots,\alpha_n$是$M$的生成元集而且线性无关，则称$\alpha_1,\cdots,\alpha_n$是$M$的$R$基. 这也就是说，$\alpha_1,\cdots,\alpha_n\in M$线

性无关而且每个$\alpha \in M$可以唯一地表为$\alpha = c_1\alpha_1 + \cdots + c_n\alpha_n$. 此时常记

$$M = R\alpha_1 + \cdots + R\alpha_n,$$

且称M是自由R模, 称n是M的R秩或维数.

设F是一个域(即含幺交换环, 而且每个非零元素都可逆), V是F模, 则称V是F线性空间(或F上的线性空间). 线性空间一定有基(即一定是自由F模).

如果$E \supset F$都是域,则E是F上的线性空间(读者试验证之). 这是本书中遇到的最主要的线性空间. E的F维数称为扩张E/F的次数, 记为$[E:F]$.

例如, 复数域$\mathbb{C}$是实数域$\mathbb{R}$上的线性空间, 维数是2, 基可取为$\{1,i\}$. 再如, 域F上次数小于n的多项式集合$F[x]_n$是F上的线性空间, 维数是n, $\{1,x,x^2,\cdots,x^{n-1}\}$是基.

设K是数域, $R \subset K$是一个环. 对于$\alpha \in K$,如果存在系数属于R的首一多项式

$$f(x) = x^n + c_{n-1}x^{n-1} + \cdots + c_1x + c_0 \quad (c_i \in R)$$

使得$f(\alpha)=0$, 则称α是"R **整的**"或在R上是整的. 若α是$\mathbb{Z}$整的则称α是代数整数或整数. (为了区别,$\mathbb{Z}$中的数被称为有理整数.)

当$R=F$是域的时候, "α是F整的"也称

为"α是F 代数的"(或α在F上是代数的). 若α是$\mathbb{Q}$代数的则称α是代数数.

引理 6.1 α是R整的充分必要条件是:存在有限生成的R模$M\subset K$, $1\in M$, 使得$\alpha M\subset M$.

证明 若α是R整的且$f(\alpha)=0$如上, 则

$$\alpha^n=-c_{n-1}\alpha^{n-1}-\cdots-c_1\alpha-c_0.$$

两边同乘以α, 逐步可知, $\alpha^n,\alpha^{n+1},\alpha^{n+2},\cdots$都可以表示为$1,\alpha,\cdots,\alpha^{n-1}$在$R$上的线性组合. 故对如下的$R$模$M\subset K$,显然有$\alpha M\subset M$:

$$\begin{aligned}M&=R+R\alpha+\cdots+R\alpha^{n-1}\\&=\{\lambda_0+\lambda_1\alpha+\cdots+\lambda_{n-1}\alpha^{n-1}\mid\lambda_0,\cdots,\lambda_{n-1}\in R\}.\end{aligned}$$

再证明充分性. 设$M=R\alpha_1+\cdots+R\alpha_n\subset K$, 满足$1\in M$, $\alpha M\subset M$. 则$\alpha\alpha_i\in M$应能表示为$\alpha\alpha_i=c_{i1}\alpha_1+c_{i2}\alpha_2+\cdots+c_{in}\alpha_n(c_{ij}\in R)$, 即

$$c_{i1}\alpha_1+c_{i2}\alpha_2+\cdots+(c_{ii}-\alpha)\alpha_i+\cdots+c_{in}\alpha_n=0\quad(1\leqslant i\leqslant n).$$

这说明$\alpha_1,\cdots,\alpha_n$是如下线性方程组的解:

$$\begin{cases}(c_{11}-\alpha)x_1+c_{12}x_2+\cdots+c_{1n}x_n=0\\ \qquad\qquad\vdots\\ c_{11}x_1+c_{12}x_2+\cdots+(c_{nn}-\alpha)x_n=0\end{cases}$$

因为$\alpha_1,\cdots,\alpha_n$不全为零(否则$M=\{0\}$与$1\in M$

矛盾)，可知此方程组中有某个方程可以由其它方程组合(即乘以常数相加)得到. 这就导致此方程组的系数可经过加减乘运算化零，即知有如下形式的表达式为零：

$$\alpha^n + b_1\alpha^{n-1} + \cdots + b_{n-1}\alpha + b_n = 0 \quad (b_i \in R).$$

这就说明 α 是 R 整的. 例如方程组

$$\begin{cases} ax_1 + bx_2 = 0, \\ acx_1 + bcx_2 = 0 \end{cases}$$

有非零解($x_1=1, x_2=-a/b$)，其系数可经加减乘运算化零：$a(bc)-b(ac)=0$. 这里用到线性方程组的简单知识(有兴趣的读者，可见作者所著《高等代数学》(第 2 版)第 74 页)：线性方程组有非零解当且仅当其系数行列式为零.

如果 $M, N \subset K$ 都是 R 模，定义 MN 为由所有 $uv(u \in M, v \in N)$ 生成 (即在 R 上的线性组合全体构成)的 R 模. 如果 M, N 都是有限生成的，则 MN 也是有限生成的. 事实上，设 $\{\alpha_i\}$ $(1 \leqslant i \leqslant m)$ 是 M 的生成元组，$\{\beta_j\}$ $(1 \leqslant j \leqslant n)$ 是 N 的生成元组，则 $\{\alpha_i\beta_j\}$ $(1 \leqslant i \leqslant m, 1 \leqslant j \leqslant n)$ 显然是 MN 的生成元组.

引理 6.2 (1) 设 K 是数域，$R \subset K$ 是一个环. 则在 R 上整的 K 中数的集合 S，是含 R

的环(即在R上整的两个数的和差积仍然是在R上整的). 而且, S整的数$\gamma\in K$必是R整的(从而属于S).

(2) 设K是数域, F是其子域. 则在F上是代数的K中数的集合S, 是含R的域. 而且,S代数的数$\gamma\in K$必属于S.

(3) $\alpha\in\mathbb{Q}$是代数整数(即$\mathbb{Z}$整的)当且尽当$\alpha\in\mathbb{Z}$.

(4) 若α是代数数, 则存在整数$k\in\mathbb{Z}$使得$k\alpha$是代数整数.

证明 (1) 设$\alpha,\beta\in S$,有限生成的R模$M,N\subset K$, $1\in M,N$,使得$\alpha M\subset M$, $\beta N\subset N$. 则$(\alpha+\beta)MN\subset\alpha(MN)+\beta(MN)\subset MN$,$(\alpha\beta)MN\subset MN$, 说明$\alpha+\beta$和$\alpha\beta$也都在$R$上整(故属于$S$),所以$S$是环.

设$\gamma\in K$是S整的, 于是有含1的S模

$$M=S\alpha_1+S\alpha_2+\cdots+S\alpha_n$$

且$\gamma M\subset M$. 不妨设$\alpha_1=1$(因为$1\in M$,故$S\subset M$, 记$1=\alpha_0$则$M=S\alpha_0+S\alpha_1+S\alpha_2+\cdots+S\alpha_n$). 由$\gamma M\subset M$知

$$\gamma\alpha_i=c_{i1}\alpha_1+c_{i2}\alpha_2+\cdots+c_{in}\alpha_n$$

$$(c_{ij}\in S,\quad 1\leqslant i\leqslant n).$$

因为$c_{ij}\in S$在R上整, 故存在有限生成的含1

的 R 模 N_{ij} 使 $c_{ij}N_{ij}\subset N_{ij}$. 令 $N=\prod_{i,j}N_{ij}$, 则 N 也是有限生成模,且 $c_{in}N\subset N$. 记

$$N=R\beta_1+R\beta_2+\cdots+R\beta_s.$$

(且可设 $\beta_1=1$). 令

$$L=\sum_{\substack{1\leqslant i\leqslant n\\1\leqslant j\leqslant s}}R\alpha_i\beta_j$$

为所有 $\alpha_i\beta_j$ 生成的 R 模, 则 $1=\alpha_1\beta_1\in L$, 且

$$\gamma(\alpha_i\beta_k)=(\gamma\alpha_i)\beta_k=\sum_j c_{ij}\alpha_j\beta_k,$$

因为 $c_{ij}\beta_k\in N$, 故 $\gamma(\alpha_i\beta_k)\in L$,从而 $\gamma L\subset L$, 即知 γ 是 R 整的.

(2) 由(1)即知 S 是环. 又若 α 在 F 上是代数的,则 α^{-1}在 F 上也是代数的(若 $c_0\alpha^n+\cdots+c_{n-1}\alpha+c_n=0$,则 $c_0+\cdots+c_{n-1}\alpha^{-(n-1)}+c_n\alpha^{-n}=(c_0\alpha^n+\cdots+c_{n-1}\alpha+c_n)\alpha^{-n}=0$), 故 S 是域.

(3) 设 $\alpha\in\mathbb{Q}$ 是代数整数,满足整系数方程

$$\alpha^n+c_{n-1}\alpha^{n-1}+\cdots+c_1\alpha+c_0=0\quad(c_i\in\mathbb{Z}).$$

设 $\alpha=a/b$,且 a,b 为互素整数. 代入上式得

$$a^n+c_{n-1}a^{n-1}b+\cdots+c_1ab^{n-1}+c_0b^n=0.$$

故知 $b|a^n$,所以 $b=\pm1$(否则与 a,b 互素矛盾). 从而$\alpha=a/b\in\mathbb{Z}$.

(4) 设 α 是代数数,满足整系数方程

$$c_n\alpha^n+c_{n-1}\alpha^{n-1}+\cdots+c_1\alpha+c_0=0\quad(c_i\in\mathbb{Z}).$$

两边同乘以 c_n^{n-1} 得到

$$(c_n\alpha)^n + c_{n-1}(c_n\alpha)^{n-1} + \cdots + c_1 c_n^{n-2}(c_n\alpha) + c_n^{n-1}c_0 = 0,$$

这说明 $c_n\alpha$ 是代数整数.

有兴趣深入理解本节内容的读者，可参见作者所著《代数数论导引》一书的开篇两节(高等教育出版社).

6.3 超越数定理的证明

现在开始证明定理 **G LW**(广义林德曼-维尔斯特拉斯定理) 设 $\alpha_1,\cdots,\alpha_n$ 是互异代数数，则 $e^{\alpha_1},\cdots,e^{\alpha_n}$ 在全代数数域 $\mathbf{A}$ 上线性无关.

我们采用 N. Jacobson 的证明方法. 将 $\mathbf{A}$ 中的元素和运算，用另一套符号另外表示：将 $\mathbf{A}$ 另记为 $\mathbf{A}'$，将 $a\in\mathbf{A}$ 另记为 $a'\in\mathbf{A}'$，将 $\mathbf{A}$ 中的 $a+b$(加法)另记为 $\mathbf{A}'$ 中的 $a'b'$(乘法). 换句话说，作如下一一对应

$$\chi:\quad \mathbf{A}\to\mathbf{A}',\quad a\mapsto a',$$
$$a+b\mapsto(a+b)'=a'b'.$$

于是 $\mathbf{A}'$ 是一个乘法群，它在加法群 $\mathbf{A}$ 上的群代数定义为

$$\mathbf{A}[\mathbf{A}'] = \{ \sum_i c_i \alpha'_i \mid c_i \in \mathbf{A},\quad \alpha'_i \in \mathbf{A}' \}$$

(其中和式是有限的)，而且按如下规则规定 $\mathbf{A}[\mathbf{A}']$中的运算：①加法是复数加法；②乘法由分配律及$(c_1\alpha'_1)(c_2\alpha'_2)=(c_1c_2)(\alpha'_1\alpha'_2)=(c_1c_2)(\alpha_1+\alpha_2)'$进行；③若 $\alpha_1,\cdots,\alpha_n\in\mathbf{A}$ 互异，则$\alpha'_1,\cdots,\alpha'_n$在 $\mathbf{A}$ 上线性无关(即若 $\lambda_1\alpha'_1+\cdots\lambda_n\alpha'_n=0$则 $\lambda_1=\cdots=\lambda_n=0$).

注意 $e^{a+b}=e^a e^b$,或者写为 $\exp(a+b)=\exp(a)\exp(b)$. 这说明 exp(作为映射)化加法为乘法. 我们上述的映射$\chi: a\mapsto a'$也是化加法为乘法. 而且，χ是“最纯粹的”化加为乘的映射(没有别的附加限制). 因此，exp 应当都可由“最纯粹的”χ出发再继续映射得到. 也就是说存在同态映射：$\chi(\alpha)\mapsto\exp(\alpha)$(这称为群代数的“万有源性”,此处略去证明). 详言之，存在同态映射

$$\eta:\ \mathbf{A}[\mathbf{A}']\to\mathbb{C},\quad \sum_i c_i\alpha'_i \mapsto \sum_i c_i e^{\alpha_i} \tag{6.3.1}$$

这里“同态”的意思是：$\eta(u_1+u_2)=\eta(u_1)+\eta(u_2)$，$\eta(u_1u_2)=\eta(u_1)\eta(u_2)$.

注意 η 将$\alpha'_1,\cdots,\alpha'_n$映射为 $e^{\alpha_1},\cdots,e^{\alpha_n}$. 前述已知，当 $\alpha_1,\cdots,\alpha_n\in\mathbf{A}$ 互异时，$\alpha'_1,\cdots,\alpha'_n$在 $\mathbf{A}$

上线性无关. 而我们的目的是证明 $e^{\alpha_1},\cdots,e^{\alpha_n}$ 在 $\mathbf{A}$ 上线性无关. 所以我们只要证明 η 为单射(即: 若 $\eta(u)=0$,则 $u=0$). 事实上, 由 η 为单射,可推知 $e^{\alpha_1},\cdots,e^{\alpha_n}$ 线性无关: 设有不全为零的 $\lambda_1,\lambda_2,\cdots,\lambda_n$ 使得 $\lambda_1 e^{\alpha_1}+\lambda_2 e^{\alpha_2}+\cdots+\lambda_n e^{\alpha_n}=0$, 即

$$\begin{aligned}0&=\lambda_1\eta(\alpha'_1)+\cdots+\lambda_n\eta(\alpha'_n)\\&=\eta(\lambda_1\alpha'_1+\cdots+\lambda_n\alpha'_n),\end{aligned}$$

由 η 为单射的条件即知 $\lambda_1\alpha'_1+\cdots+\lambda_n\alpha'_n=0$, 这就与 $\alpha'_1,\cdots,\alpha'_n$ 线性无关矛盾.

所以, 我们我们要证明的定理 GLW 转化为下面定理:

定理 GLW′ η 是单射 (即对于(6.3.1)式中的 η, 若 $\eta(u)=0$,则 $u=0$).

第一步 证明 $\mathbf{A}[\mathbf{A}']$ 中没有零因子(即若 u 和 v 均非零, 则 uv 非零).

为此引入复数的"字典排序": 设复数 $u=a_1+b_1\mathrm{i}$, $v=a_2+b_2\mathrm{i}$, 如果 $a_1>a_2$, 或者 $a_1=a_2$ 而 $b_1>b_2$,则称 $u>v$ 和 $u'>v'$. 易知, 若 $u>v$, $s>t$, 则 $u+s>v+t$(换句话说, 若 $u'>v'$, $s'>t'$, 则 $u's'>v't'$). 考虑 $\mathbf{A}[\mathbf{A}']$ 中两个非零元

$$u=\sum_{i=1}^{m}c_i\,\alpha'_i,\qquad v=\sum_{i=1}^{n}d_i\beta'_i.$$

不妨设

$$\alpha_1 > \alpha_2 > \cdots > \alpha_m, \qquad \beta_1 > \beta_2 > \cdots > \beta_n.$$

于是

$$uv = (c_1 d_1)(\alpha'_1 \beta'_1) + \sum u_i \gamma'_i,$$

其中 $\gamma'_i < \alpha'_1 \beta'_1$. 这样的 uv 必非零. 故 $\mathbf{A}[\mathbf{A}']$中没有零因子.

第二步 假设 η 不是单射, 要证明会导致如下等式:

$$\lambda_0 + \lambda_1 \sum_{j=1}^{m} \exp(\sigma_j \xi_1) + \cdots + \lambda_n \sum_{j=1}^{m} \exp(\sigma_j \xi_n) = 0 \tag{6.3.2}$$

其中 $\lambda_i \in \mathbb{Z}$ 是整数, $\lambda_0 \neq 0$, $G = \{\sigma_1, \cdots, \sigma_m\}$ 是伽罗瓦域 $K/\mathbb{Q}$ 的伽罗瓦群, $\xi_i \neq 0$ 属于 K.

现在假设 η 不是单射. 这意味着, 存在非零的 $u = \sum_{i=1} c_i \alpha'_i \in \mathbf{A}[\mathbf{A}']$, 使 $\eta(u) = 0$. 可以设 c_i, α_i 都属于伽罗瓦域 $K \subset \mathbb{C}$, 并记 $G = \mathrm{Gal}(K/\mathbb{Q}) = \{\sigma_1, \cdots, \sigma_m\}$ $(\sigma_1 = 1)$. 形如 $\sum_{i=1} k_i \gamma'_i$ (其中 $k_i, \gamma_i \in K$) 的元素集合 $K[K']$ 是一个环. 每个 $\sigma \in G$ 可以两种方式作为 $K[K']$ 的自同态, 第一种是

$$\sigma' : \sum k_i \gamma'_i \mapsto \sum \sigma(k_i) \gamma'_i;$$

第二种是

$$\sigma'': \sum k_i \gamma'_i \mapsto \sum k_i (\sigma\gamma_i)'.$$

因 $u \neq 0$ 故 $\sigma'_j(u) \neq 0$ $(1 \leqslant j \leqslant m)$. 故

$$U = \prod_{j=1}^{m} \sigma'_j(u) \neq 0.$$

自然也有 $\eta(U)=0$(因为 u 是 U 的因子). 显然 $\sigma'_j(U)=U$ $(1\leqslant j\leqslant m)$. 将 U 写为

$$U = \sum_{i=1} d_i \beta'_i ,$$

其中 β_i 互异(这意味着 β'_i 在 $\mathbf{A}$ 上线性无关), 则由 $\sigma'_j(U) = \sum_i \sigma_j(d_i)\beta'_i = U$, 知道 $\sigma_j(d_i) = d_i$(对所有 i,j). 这说明 $d_i \in \mathbb{Q}$(对所有 i). 现在以第二种自同态 σ'' 作用于 $U = \sum d_i\beta'_i$,进行类似的讨论,得

$$V = \prod_{j=1}^{m} \sigma''_j(U) = \prod_{j=1}^{m} \left(\sum d_i (\sigma_j \beta_i)'\right) \neq 0,$$

于是 $\eta(V)=0$, $\sigma''_j(V)=V$ $(1\leqslant j\leqslant m)$. 可将 V 写为

$$V = \sum_i b_i \gamma'_i \quad (b_i \in \mathbb{Q}),$$

其中 γ_i 互异. $\sigma''_j(V) = V$ 意味着 $\sum_{i=1} b_i (\sigma_j \gamma_i)' = \sum_{i=1} b_i \gamma'_i$. 故

$$V = \frac{1}{m} \sum_{j=1}^{m} \sum_i b_i (\sigma_j \gamma_i)' = \frac{1}{m} \sum_i b_i \sum_j (\sigma_j \gamma_i)'$$

$$= \sum_i \frac{b_i}{m}\Gamma'(\gamma_i)\ (\text{其中}\ \Gamma'(\gamma_i) = \sum_{j=1}^{m}(\sigma_j\gamma_i)').$$

将相同的 $\Gamma'(\gamma_i)$ 合并之后，可设 $i \neq s$ 时 $\Gamma'(\gamma_i) \neq \Gamma'(\gamma_s)$. 这意味着 $\sigma\gamma_i \neq \gamma_k(\sigma \in G)$，因为 $\Gamma'(\gamma_i) = \sum_{\sigma\in G}(\sigma\gamma_i)'$. 设 $k,h \in K$，则

$$\begin{aligned}\Gamma'(k)\Gamma'(h) &= \Big(\sum_{j=1}^{m}(\sigma_j k)'\Big)\Big(\sum_{s=1}^{m}(\sigma_s h)'\Big)\\ &= \sum_{j,s}((\sigma_j k)(\sigma_s h))'\\ &= \sum_{j,s}(\sigma_j k + \sigma_s h)'\\ &= \sum_{j,s}(\sigma_j(k+\sigma_j^{-1}\sigma_s h)'\\ &= \sum_t\Big(\sum_j(\sigma_j(k+\sigma_t h)')\Big)\\ &= \sum_t \Gamma'(k+\sigma_t h).\end{aligned}$$

此式说明，$W=V\Gamma'(-\gamma_1)$ 有如下形式：

$$\begin{aligned}W &= V\Gamma'(-\gamma_1)\\ &= \sum_i \frac{b_i}{m}\Gamma'(\gamma_i)\Gamma'(-\gamma_1)\\ &= \lambda_0 + \lambda_1\Gamma'(\xi_1) + r_2\Gamma'(\xi_2)\\ &\quad + \cdots + \lambda_n\Gamma'(\xi_n),\end{aligned}$$

其中 $\lambda_i \in \mathbb{Q}$，$\lambda_0 \neq 0$，$\xi_i \neq 0$ 为代数数，而且可以设 $\lambda_i \in \mathbb{Z}$ 是整数(将 W 乘以整数即可). 由 $\eta(V) = 0$ 可知 $\eta(W) = 0$. 因为

$$\eta\Gamma'(\xi_i) = \eta\sum(\sigma_j\xi_i)' = \sum\exp(\sigma_j\xi_i),$$

故由 $\eta(W) = 0$ 得到

$$\lambda_0 + \lambda_1\sum_{j=1}^{m}\exp(\sigma_j\xi_1) + \cdots + \lambda_n\sum_{j=1}^{m}\exp(\sigma_j\xi_n) = 0 \tag{6.3.2}$$

第三步 要证明(6.3.2)式不可能成立.

设所有 $\sigma_j\xi_i$ 是如下整系数多项式的根:

$$f(x) = \sum_{i=0}^{t}a_ix^i \quad (a_0 \neq 0).$$

设 p 为一素数,记

$$g(x) = x^{p-1}f(x)^p = \sum_{j=p-1}^{s}b_jx^j,$$

其中 $s=tp+p-1, b_j\in\mathbb{Z}$, $b_{p-1}=a_0^p$. 我们有

$$\begin{aligned}
j!b_je^x &= j!b_j\sum_{n=0}^{\infty}\frac{x^n}{n!}\\
&= \left(j!b_j + \frac{j!b_j}{1!}x + \cdots + \frac{j!b_j}{(j-p)!}x^{j-p}\right)\\
&\quad + \left(\frac{j!b_j}{(j-p+1)!}x^{j-p+1} + \cdots + jb_jx^{j-1}\right)\\
&\quad + b_jx^j\left(1 + \frac{x}{(j+1)} + \frac{x^2}{(j+1)(j+2)} + \cdots\right).
\end{aligned}$$

若 $j=p-1$ 则第一个括号中为零. 当 $j\geqslant p$ 时, 第一括号内每项系数都是 $p!$ 的倍数, 故可写为 $p!\ h(x)$,其中 $h(x)$是整系数多项式. 记

$$N_p = \frac{1}{(p-1)!}\sum_{j=p-1}^{s} j!b_j \in \mathbb{Z}.$$

于是得到

$$(p-1)!N_p e^x = \sum_{j=p-1}^{s} j!b_j e^x = p!h(x) + h_1(x) + h_2(x), \tag{6.3.3}$$

其中

$$h_1(x) = \sum_{j=p-1}^{s}\left(\frac{j!b_j}{(j-p+1)!}x^{j-p+1} + \cdots + jb_j x^{j-1}\right),$$

$$h_2(x) = \sum_{j=p-1}^{s} b_j x^j\left(1 + \frac{x}{(j+1)} + \frac{x^2}{(j+1)(j+2)} + \cdots\right).$$

多项式 $\varphi(x) = a_n x^n + a_{n-1}x^{n-1} + \cdots + a_1 x + a_0$ 的导数(或微商)的定义为

$$\varphi'(x) = na_n x^{n-1} + (n-1)a_{n-1}x^{n-2} + \cdots + a_1.$$

也记

$$\varphi'(x) = (\varphi(x))' = \varphi^{(1)}(x),$$

并记

$$\varphi''(x) = \varphi^{(2)}(x) = (\varphi^{(1)}(x))',$$
$$\varphi^{(i+1)}(x) = (\varphi^{(i)}(x))'.$$

经简单运算可知,(6.2.2)式中的

$$h_1(x) = g'(x) + g''(x) + \cdots + g^{(p-1)}(x).$$

因为 $g(x) = x^{p-1}f(x)^p$,所以 $g(x)$ 的各阶导数 $g^{(i)}(x)$ 都可被 $f(x)$ 整除. 故 $h_1(x)$ 可被 $f(x)$

整除；故以 $x=\xi_i$（$f(x)$ 的根之一）代入时，$h_1(\xi_i)=0$.

再看 $h_2(\xi_i)$. 不妨设 $p>2|\xi_i|$（对所有 ξ_i）. 因 $j+1\geqslant p$，故知

$$\left|1+\frac{\xi_i}{(j+1)}+\frac{\xi_i^2}{(j+1)(j+2)}+\cdots\right|<2,$$

$$\begin{aligned}|h_2(\xi_i)|&<2\left|\sum_{i=p-1}^{s}b_j\xi_i^j\right|=2|\xi_i^{p-1}f(\xi_i)^p|\\&\leqslant 2|\xi_i|^{p-1}\left(\sum_{j=0}^{t}|a_j||\xi_i^j|\right)^p\\&<2M^p,\end{aligned}$$

其中 M 是 $\sum_{j=0}^{t}|a_j||\xi_i^j|$ 和 $\sum_{j=0}^{t}|a_j||\xi_i^{j+1}|$ $(i=1,\cdots,n)$ 之中的最大者（分 $|\xi_i|\geqslant 1$ 和 $|\xi_i|<1$ 两种情形易看出上式成立）.

于是由(6.2.3)知道，当 $p>2|\xi_i|$ 时有

$$\begin{aligned}&|N_p\exp(\xi_i)-p\,h(\xi_i)|\\&=|h_1(\xi_i)+h_2(\xi_i)|/(p-1)!\\&<2M^p/(p-1)!\end{aligned}\tag{6.3.4}$$

再设 $p>|a_0|$，则 N_p 不是 p 的倍数，这是因为 N_p 除第一项 $b_{p-1}=a_0^p$ 之外，其余项都是 p 的倍数. 而 a_0^p 显然不是 p 的倍数（因为 a_0 与 p 互素）.

现在看(6.2.2)式. 由上节引理 6.2(4)可

知，存在正整数k使$k\xi_i^j$都是代数整数(对所有ξ_i和$j\leqslant t$)．于是$k^p h(\xi_i)$是代数整数，故每个$k^p h(\sigma_j\xi_i)$都是代数整数．于是

$$\sum_{j=1}^{m} k^p h(\sigma_j \xi_i)$$

是代数整数，且被伽罗瓦群G的任意元素σ_s固定，所以是有理整数．由(6.3.2)式有

$$N_p k^p \lambda_0 + N_p k^p \lambda_1 \sum_{j=1}^{m} \exp(\sigma_j \xi_1) + \cdots + N_p k^p \lambda_n \sum_{j=1}^{m} \exp(\sigma_j \xi_n) = 0.$$

由此可得

$$\begin{aligned}
&\left| N_p k^p \lambda_0 + p k^p \sum_{i=1}^{n} \lambda_i \sum_{j=1}^{m} h(\sigma_j \xi_i) \right| \\
&= \Big| (N_p k^p \lambda_0 - N_p k^p \lambda_0) \\
&\quad + k^p \sum_{i=1}^{n} \lambda_i \Big(\sum_{j=1}^{m} p h(\sigma_j \xi_i) - \sum_{j=1}^{m} N_p \exp(\sigma_j \xi_i) \Big) \Big| \\
&\leqslant k^p \sum_{i=1}^{n} \sum_{j=1}^{m} |\lambda_i| \, | p h(\sigma_j \xi_i) - N_p \exp(\sigma_j \xi_i) | \\
&\leqslant 2k^p mnM^p \lambda / (p-1)!,
\end{aligned}$$

其中λ是$|\lambda_i|$ $(i=1,\cdots,n)$的上界．$pk^p\lambda_i\sum_{j=1}^{m}h(\sigma_j\xi_i)$是正数且是$p$的倍数，$N_p$却不是$p$的倍数．当$p$充分大的时候，可设$p$不能整

除 k 和 λ_0，从而不能整除 $k^p\lambda_0$. 因此

$$\left|N_p k^p \lambda_0 + pk^p \sum_{i=1}^{n} \lambda_i \sum_{j=1}^{m} h(\sigma_j \xi_i)\right| \leqslant 2k^p mnM^p \lambda/(p-1)!$$

的左端为非零整数，而右端是小于 1 的正数(当 p 充分大)，导致矛盾.

这就证明了(6.3.2)式不可能成立，从而证明了 η 是单射，从而证明了定理 GLW，证明了林德曼-维尔斯特拉斯定理. 特别这就证明了圆周率 π 和$\sqrt{\pi}$是超越数，证明了化圆为方不可能由尺规作图实现.

7 费马大定理——连接古今的传奇

古希腊白银时代最伟大的数学家丢番图(Diophantus，约 250～350，住在亚历山大城)，有名著《算术》13 卷．历尽战乱沧桑．在 15 世纪君士坦丁堡被土耳其人攻陷后，有残本 6 卷传到欧洲．经过文艺复兴度过中世纪黑暗的欧洲，多次将《算术》残本翻译出版．1637 年，残本的一种翻译版历史性地摆到了费马的书桌上．书中讨论的勾股数，即满足

$$a^2 + b^2 = c^2$$

的非零正整数 a,b,c，深深地吸引了费马，引起了他的思考和推理．他认为，勾股数等式中的平方如果改为立方，或者 4 次方，或更高的方幂，则等式就不可能成立．也就是说，不可能有

非零正整数a,b,c满足

$$a^n+b^n=c^n \quad (n\geqslant 3)$$

(此式后来被称为费马方程). 费马在书的页边上,写下自己的断言, 并声称自己已经得到了绝妙的证明. 这就是所谓“费马大定理”的由来.

费马大定理(Fermat's Last Theorem), 又称费马最后定理, 是世界著名难题. 它问题看似简单, 实则涉及非常深的数学. 从 1637 年左右一直到最近, 痴迷的人有顶尖的数学家和众多的数学爱好者, 历史上充满传奇. 最主要的是, 对此问题的研究在推动数学发展上起到了巨大作用. 最后在 1994 年, 终于被安德鲁·怀尔斯(Andrew J. Wiles)用现代数学攻克, 成为 20 世纪我们亲历的最伟大的数学历史事件. 解决费马大定理的怀尔斯, 1953 年生于英国, 现为美国普林斯顿大学教授, 所用的理论是代数数论, 特别是椭圆曲线的算术理论.

本章将浅要地介绍费马大定理的传奇历史, 证明中的故事, 也在最后稍微介绍有关的现代数学知识和怀尔斯的证明思路.

7.1 费马的猜想

费马(Pierre de Fermat, 1601～1665)出生在法国南部小镇图卢兹(Toulouse, 现在有费马的雕像), 是业余数学家, 从未发表过论文. 他是镇上的律师兼法官. 任此职务的人不被鼓励社交(防止腐败). 所以他在 30 岁获此职位后, 业余研究数学. 虽然他过去主要是自学过数学,但他很快就显示出数学天赋. 他写信向别人挑战, 对自己的方法保密. 对几何、概率论、微积分的发明有贡献. 最突出的是数论方面, 例如有"费马小定理": 设 p 为素数, a 为任意整数, 则

$$a^p - a \text{ 是 } p \text{ 的倍数}.$$

费马的猜想写在丢番图的书的页边上. 丢番图的名著《算术》(Arithmetica)13 卷, 与黄金时代的欧几里得的著作颇有不同. 此书历尽战乱沧桑. 15 世纪, 当君士坦丁堡被土耳其人攻陷时, 大批学者逃往西方,同时带去了希腊学者的众多著作, 因此《算术》的 6 卷残本被欧洲"重新发现"(1570) (最近发现阿拉伯文的另 4

卷). 1621 年，巴歇(Claude Bachet)出版了带有拉丁文译文注释和评论的《算术》新版. 费马正是在这个版本上于 1637 年左右写下猜想. 这本书采用问题和解答的方式,其中的第 8 问题是关于勾股数(西方称为毕达哥拉斯数)的，即求整数 a,b,c 满足 $a^2+b^2=c^2$.

勾股数问题在《算术》第八题中被表述为："分一个给定的平方(数)为另两个平方(数之和)". 费马在此问题的页边上写下注记:

"分一个立方为两个立方之和，或分一个四次方为两个四次方之和，或更一般地，分任一个高于二次的方幂为两个同次方幂之和，均不可能. 对此我已经发现了真正奇妙的证明，但此页边太窄写不下." (拉丁原文英译:"To decompose a cube into two other cubes, a fourth power, and generally an arbitrary power into two of the same power above the second power, is an impossible thing and I have certainly found its admirable proof. This narrow margin would not contain it".

费马的注记相当于说：$a^n+b^n=c^n\ (n\geqslant 3)$ 不可能有非零整数解. 三十多年后，费马的长子撒缪尔(Samuel)把费马的共 48 个注记随同

图 7.1　图卢兹镇的费马雕像

《算术》一书原文一起重新出版，公开于世. 史称这个猜想为费马大定理或最后定理. 费马一生写下的很多猜想，后来陆续都被解决了(其中有一个是否定的：他猜想$F_n=2^{2^n}+1$都是素数. 但事实上当$n=5$时F_n有因子641). 最后只剩下这一个猜想总也解决不了，3 个多世纪解决不了，故被称为费马的最后定理.

从 1637 年提出到 1994 年被解决(1995 年发表)，费马大定理经历了 358 年的历程，可以说与现代数论共命运同经历，极大地推动了现代数学的发展. 其历史可大致分为 3 个阶段(时间其实有重叠)：

4、古典数论阶段:1637～1847，约 210 年.

2、代数数论阶段:1847～1983，约 140 年.

3、算术几何阶段:1983～1994，约 10 多年.

当然这里的时间和名称都是相对的，时间以标志性事件划分，名称在于突出特点，其实很多都是交叉的，而且“算术几何”也是属于代数数论领域的.

7.2 第一阶段:古典数论阶段(1637～1847，210 年)

$n=4$ 情形，1640 年左右由费马证明. 用“无穷递降法”，曾写信向许多人挑战. $n=4$ 情形被证明以后，要证明费马大定理就只需对奇素数 $n=p$ 证明即可. 这是因为，若对 $n=mp$

有$a^{mp}+b^{mp}=c^{mp}$，则导致：

$$(a^m)^p+(b^m)^p=(c^m)^p.$$

$n=3$ 情形，1749 年由欧拉证明. 欧拉被称为"独眼巨人"(1735 年仅用 3 天解决了巴黎科学院悬赏几个月的问题，导致失明). 欧拉的证明实际上用到了 $m+n\sqrt{-3}$这样的数可唯一因子分解的性质(m,n 为整数)，而未加验证. 所以欧拉的证明是有漏洞的. 幸亏 $m+n\sqrt{-3}$这样的数确实可以唯一因子分解(后来的理论证明的). 但是，类似的数就不一定可以唯一因子分解了. 著名的例子是 $m+n\sqrt{-5}$这样的数，例如：

$$2\times3=6=(1+\sqrt{-5})(1-\sqrt{-5}),$$

$$3\times3=9=(2+\sqrt{-5})(2-\sqrt{-5}).$$

此后 80 多年几乎没有进展. 大数学家高斯在 1800 年左右对 $n=3$ 情形又给出了一个证明，明显引入复数. 他还对 $n=5,7$ 证明但均未成功，从而转向互反律的研究.

$n=5$ 情形，1825～1827 年，由吉尔蔓(Sophie Germann，女，p 整除 abc 情形)，勒让德(Legendre，70 多岁，1825 证明，1827 发表)和狄利克雷(Dirichlet，20 岁，1828 发表)完成证

明. 狄利克雷在 1832 还证明了 $n=14$ 情形.

$n=7$ 情形, 1839 年, 由拉莫(1795～1870)证明. 后来还多次宣称证明了一般情形, 实际上都不对.

200 多年期间, 实际上只证明了 $n=3,4,5,7$ 这四种情形.

费马大定理的证明曾被多次设奖. 因为问题十分困难, 每前进一步都艰难繁杂. 当时顶尖的数学家高斯(Gauss)、柯西(Cauchy)都曾热衷于钻研, 都失败了. 当时正是现代数学开始创立并大发展的时候, 科学研究非常活跃. 法国巴黎科学院为费马大定理的证明两次设置大奖: 1816 年, 1850 年.

特别值得提到的是沃尔夫斯克尔(Paul Wolfskehl), 他曾迷恋美女失恋, 计划到半夜自杀. 在等待自杀时刻的时候翻翻数学书, 看到费马大定理方面, 内容是库默尔(Kummer)否定拉莫(G. Lame)的一般证明的内容(本文以下会讲到), 被深深吸引, 他发现证明中有一个漏洞, 就着手解决, 有望补救漏洞从而能证明费马大定理. 不知不觉黎明已至, 东天大亮, 忘了自杀. 这时的他因为补救这个数学漏洞, 感受到自信和希望, 根本不想自杀了. 后来他人生很成功. 1908年逝世前，他在遗嘱中将大部分财产为费马大定理设立大奖(沃尔夫斯克尔(Wolfskehl)奖)，奖期100年(1908～2007.9.13)，奖金十万马克(当时相当于200万美元，现在相当于5万美元)，由哥廷根皇家科学协会掌握，希尔伯特(Hilbert)是主席. 这笔存储的奖金年息是5000马克，当时是很大数目，用于哥廷根的学术活动. 所以当有学生问希尔伯特为什么他不证明费马大定理时，希尔伯特幽默地回答说:为什么要杀掉这只会下金蛋的鹅呢?

7.3 第二阶段:代数数论阶段 (1847～1983，约140年)

1847年事件 是数学史上极具象征意义的事件. 当时法国巴黎科学院定期进行学术报告会，特别在每个周一举行. 科学院的记录成为有历史意义的文献.

1847年3月1日(星期一). 巴黎科学院报告会上，拉莫(G. Lame)走上讲台，宣布完全证明了费马大定理. 方法是这样: 如果有非零整数 a,b,c 和奇素数 p 满足

$$a^p + b^p = c^p,$$

则

$$\begin{aligned} c^p &= a^p + b^p = a^p - (-b)^p \\ &= \prod_{k=0}^{p-1}(a - \zeta^k(-b)) \end{aligned}$$

其中 $\zeta=\exp(2\pi i/p)$ 为 p 次单位根. 亦即得到

$$c^p = (a+b)(a+\zeta b)(a+\zeta^2 b)\cdots(a+\zeta^{p-1}b).$$

他再利用右边“各因子互素和因子分解的唯一性”, 从而得出各个因子 $a+\zeta^k b$ 都是 p 次方幂, 经过一系列推理导出矛盾, 从而证明费马大定理. 拉莫还说是刘维尔(Liouville) 在一次谈话中告诉他这个想法.

刘维尔立刻站起来表示不同意, 怀疑拉莫所用到的“复数的唯一因子分解性”.

柯西(Cauchy)表示支持拉莫, 并说自己在 1846 年 10 月递给科学院一个报告, 有类似的证明思路.

3 月 15 日(星期一), 万采尔(Wantzel)宣布证明了复数的唯一因子分解性质.

3 月 22 日(星期一), 柯西也宣布证明了复数的唯一因子分解性. 此后的许多天, 万采尔和柯西在科学院内部发表了很多通报, 还向科学院存入“秘密袋”(供日后开启以证实某项发明的优先权)，宣称证明了复数的唯一因子分解和费马大定理.

5 月 24 日(星期一)，刘维尔向科学院会议宣读库默尔来信 (从 Breslau，即后来的加利宁格勒)：① 复数的唯一因子分解性是不成立的，随信附上 3 年前发表的论文；② 可以补救，新定义了一种“理想数”，满足因子分解的唯一性，一年前已发表在柏林科学院院刊上，改进的文章将发表在德国 Crelle's Journal 上；③ 尝试用“理想数”证明费马大定理，已考虑许久，只要验证两个条件，刚刚发表在柏林科学院院刊上，可以成批证明许多情形. 史书上说，当时“巴黎的这些饱学之士，如雷轰顶，呆若木鸡”. 从此，数学的中心从法国东移到德国.

库默尔(1810～1893)，3 岁失父，赤贫，曾作过 10 年中学教师(1832～1842)，繁重的工作之余研究数学，后来担任 Breslau 大学(1842～)和柏林大学(1855～)教授. 讲课特别受学生欢迎. 9 个子女，活到 83 岁.

库默尔实际上创立了“代数数论”这个现代数学分支(以前高斯的二次型等工作有些虽也可归于代数数论的二次域理论等，但此分支的系统深入的理论是库默尔奠定的). 库默尔用

他的"理想数"的理论，不久就可以对于

$$p < 100\ (\text{除去}\ 37,\ 59,\ 67)$$

证明费马大定理. 库默尔主要研究 p 次分圆域 K，即 p 次单位根 ζ_p 和有理数通过加减乘除生成的集合. 这种域的最重要性质是"理想类数" h_p. 如果 $h_p = 1$，则 k 中的数满足唯一分解定律. 库默尔证明了：

库默尔定理 如果 h_p 等于 1，或者如果 h_p 不能被 p 整除，则费马大定理对 p 成立.

代数数论后来经过 Dedekind 等许多人的发展，成为现代数学的非常重要的分支，产生了许多著名数学家. 随着代数数论的发展，万迪伏尔(Vandiver)等人又对费马大定理做出许多结果. 到 1955 年证明了对 $p<4000$ 成立. 到 1976 年，证明了对 $p<10$ 万成立. 到 1993 年证明了对

$$p < 400\ \text{万}$$

成立(借助于计算机). 但是，始终不能完全证明. 甚至不能证明对无限多素数成立.

7.4 第三阶段:算术几何阶段(1983～1995，约10多年)

1983年5月，数学的一个重大新闻传遍了世界：德国29岁的法尔廷斯(G. Faltings)证明了莫代尔猜想. 这是1922年提出的著名莫代尔(Mordell)猜想：亏格大于1的代数曲线上只有有限个有理点. 其大意是：次数大于3的有理系数多项式定义的光滑曲线上，坐标为有理数的点只有有限多个. 亏格(genus)是正整数，是代数曲线的重要不变量，对于n次光滑(即处处有切线)的曲线，其亏格为

$$g=\frac{(n-1)(n-2)}{2}.$$

所以1,2次的曲线亏格为$g=0$；光滑3次曲线亏格$g=1$；光滑4次以上曲线亏格$g\geqslant 2$. 对于不光滑的曲线，亏格要在上述公式中减去一些数. 在此之前，数学界普遍认为此猜想几乎不可能得到证明. 所以当刚得到博士学位5年的法尔廷斯证出之后，引起极大震动. 由法尔廷斯的结果可直接推知：**费马的方程最多只有有**

限多个整数解(费马原来是断言此方程没有非零整数解). 事实上, 费马方程可以写为

$$x^p + y^p = 1, \text{(费马曲线)}$$

其中 $x=a/c, y=b/c$ 都是有理数. 所以费马大定理化为费马曲线上没有(坐标非零的)有理点的问题. 所以数论问题与几何问题密切相连. 这种几何是考虑"有理点"问题, 被称为"算术代数几何"或"算术几何", 有别于一般的"代数几何", 后者主要考虑"复数点".

法尔廷斯对莫代尔猜想的证明,使得数学界对费马大定理的证明信心大增. 不少人都跃跃欲试,掀起了不小的热潮. 1983 年,嗣皮柔(Lucien Szpiro)提出猜想,并证明由其猜想可推知,对所有充分大的次数,费马大定理都成立. 1985 年,马塞尔(D. Masser)等提出猜想,可以推出嗣皮柔猜想. 1987 年嗣皮柔又提出若干有关的猜想. 1987 年,塞尔(Serre)提出有关伽罗瓦群表示的若干很大的猜想,蕴含费马大定理和其他不少猜想. 这些猜想看似简单, 但证明很难, 久攻不克.

真正的重大转机出现在 1985～1986 年. 1985 年, 福莱(G. Frey)观察到, 假如费马大定理不对, 即有 $a^n+b^n=c^n$ 成立, 那么由此构

作出的“福莱椭圆曲线”

$$E:\quad y^2 = x(x+a^n)(x-b^n)$$

很不象个“模的”椭圆曲线，这不符合谷山丰-志村五郎猜想(此猜想是：所有椭圆曲线都是模的). 也就是说，福莱猜测：谷山丰-志村五郎猜想蕴含费马大定理.

1986年夏，瑞拜特(Kenneth A. Ribet)用塞尔(Serre)的设想证明了福莱的断言. 当时贝克莱的数学科学研究所正在举行代数数论与算术几何年，聚集了许多数学家. 瑞拜特在此活动期间证明了上述福莱椭圆曲线 E 确实不是模的.

因此从1986年起，要想证明费马大定理，就只要证明谷山丰-志村五郎(Taniyama-Shimura)猜想. 此处的数学关系实即反证法：假设费马大定理不正确，则有等式 $a^n+b^n=c^n$；由此构作出福莱椭圆曲线 E；瑞拜特1986年证明了 E 不是模的. 所以只要能再证明 E 是模的(即部分谷山丰-志村五郎猜想)，就导致了矛盾，即可得出费马大定理成立.

安德鲁·怀尔斯((Andrew J. Wiles)当时正在与一个同行喝咖啡，他听到同行说到瑞拜特刚刚证明了福莱的断言，立刻暗暗对自己说，是时候了，我该马上回家潜心证明费马大定理了——因为他从10岁的时候就迷上了费马大定理，暗自立志要解决它.

怀尔斯在自家的顶楼上，潜心研究七年，几乎切断了与外界一切的无关联系，经历了无数曲折艰辛，吸收了几乎所有的数论上的现代最新发现，成果和方法. 对有的最新发现，他要追溯到它的源头，考查它的原始文献，再设法推广移植为目前的证明所用.

终于，在1993年6月23日上午10点半，在英国剑桥大学牛顿研究所，在他连续三天的讲演的最后，他给出谷山丰-志村五郎猜想主要部分证明的概述，从而宣布最终完成了费马大定理的证明. 这一消息立刻震动了世界. 一片节日欢庆. 次日纽约时报报道“世代数学古谜：最后欢呼‘发现了’”(At Last, Shout of ‘Eureka!’ in Age-Old Math Mystery). 各类报道接连不断：“350年后，数学迷怪降伏”，“数学天才战胜350年老难题”，“页边容不下：费马大定理的证明花落怀尔斯家”(P. Brown, The Sciences). 10月数学科学研究所(Math. Sciences Research Institute, USA)举行“费马节(Fest)”，1000多人参加.

怀尔斯的论文送给顶尖的数论学家评审，不断有疑问被提出来，怀尔斯都给出了解答. 但数月后，有一个疑问(关于论文后部分欧拉系统方法的)怀尔斯无论如何解答不了. 最后怀尔斯只好在 1993 年 12 月 4 日发出电子信，承认其证明的最后部分不完全，但相信可修复. 一时间，漏洞能否最终修复，世界注目，历史走到了一个关键时刻. 有各种议论. 著名专家伐尔廷斯 1994 年 3 月在《科学美国人》期刊上说："严格地说，它被宣布的时候还不是一个证明." 威耳(A. Weil)也在该期刊写到："我相信他曾有过好的想法去尝试作出证明，但是证明不在那里. 在某种程度上，证明费马大定理象爬埃佛勒斯峰(即珠穆朗玛峰——作者注). 如果一个人想要爬上埃佛勒斯峰顶而在离它百码之近倒下了，那他没有爬上埃佛勒斯峰."

怀尔斯只有继续努力，研究非常艰苦. 多种尝试，包括他的学生泰勒(K. Taylor，英国剑桥大学)1994 年春起的协助，均告失败. 1994 年 8 月，世界数学家大会在苏黎世举行，11 日下午怀尔斯应邀作最后的一小时报告，全体与会者虔敬地听他的报告. 当时，怀尔斯非常憔悴. 有好几次怀尔斯都要宣布放弃了，要对外宣布失败了．九月，怀尔斯自己决定再最后看一眼自己曾用过的环论老想法．他知道希望渺茫．

在 1994 年 9 月 19 日早晨，怀尔斯到楼上再看他的工作，突然在思维的闪电中他找到了迷失的钥匙，成功原来就在失败的废墟之中！他惊呆了，热泪夺眶而出．然后他到系里转了一圈，回来再次核查，又和泰勒二人核实细节．10 月 6 日他把证明完稿送给爱妻娜妲作生日礼物——去年今日他曾允而未果．娜妲和他结婚时正当艰苦的证明开始不久，多年来她是他秘密工作的唯一共悲欢者．这一天，他将新证明送给三位同事看，包括伐尔廷斯．新的证明终于被审查无误．怀尔斯的历史性长文“模椭圆曲线和费马大定理”和他与泰勒联名的支持性论文发表在美国《数学年刊》第 142 卷(1995 年 5 月)，占满了全卷，收稿日期分别标为 1994 年 10 月 14 日和 7 日(即文[1]和[2]，以下简称怀文和怀泰文)．怀尔斯的论文共五章，130 页．怀尔斯的论文迅速得到国际数学界的承认．1997 年 6 月 27 日，怀尔斯获得沃尔夫斯克尔 10 万马克悬赏大奖．离截止期十年，圆了历史的梦．他还获得沃尔夫奖(1996.3)，美国国家科学院奖(1996.6)，费尔兹特别奖(1998.8)等许多奖励.

怀尔斯最后发表的论文[1]与他1994年10月的预印本内容几乎完全相同，但引言部分已全然重写，详细地说明了他的研究历程，也简介了主要数学结果. 从此引言中可以看出，怀尔斯本人确是当之无愧的费马大定理的唯一证明人.

7.5 怀尔斯——生平和评价

怀尔斯1953年4月11日生于英国剑桥. 1971～1974年入牛津大学莫顿(Merton)学院学习并获学士学位. 1974～1980年入剑桥大学柯雷尔(Clare)学院学习获博士学位. 1981年作波恩“理论数学专门研究院”访问教授和美国普林斯顿“高等研究所”研究员. 1982年成为普林斯顿大学教授. 1985～1986年是科学高级研究所(IHES)和高级师范学校(ENS)的访问教授. 1988～1990年，是牛津大学皇家学会研究教授. 1994年～至今，为普林斯顿大学欧根·黑金斯数学教授.

图 7.2　怀尔斯

怀尔斯过去的导师、剑桥大学的蔻茨(J. Coates)的评论文章说，怀尔斯在牛津大学毕业后，于 1974～1975 学年度到剑桥，他“1975 夏开始科研时，我非常幸运地得以能指导他的数学研究第一步”，证明了 BSD 猜想的秩为零的特殊情况.“我很快认识到他具有两个显著的数学禀赋，我相信这在他以后的全部数学生涯中都起了关键的作用. 第一，他优先于一切地要去证明困难的具体定理，而不愿去作优美的无所不包的猜想. 第二，他有惊人的能力去吸收大量的极高深极抽象的机制，并在脚踏实地的问题中贯彻直到得出巨大的成果”．到1980年代中期，怀尔斯“对于伊瓦萨瓦(Iwasawa)理论主猜想和关于希尔波特模形式的伽罗瓦表示的研究贡献，已经使他成为过去150年以来对代数数论作出渊深贡献的极少数优秀数学家之一．但是，正象我们现在所知道的，他并没有躺在这些桂冠上休息，而从1986年夏他又一直默默地工作着，朝向一个更伟大的目标．”“过去35年的代数数论和算术代数几何,大多被猜想所统治，而少有肯定的定理．这并不是要贬毁其间证明的许多优美的定理，只是要指出太常有的情况：面对着那些大叠大排的猜想，这些肯定的结果显得太软弱，而那些猜想的证明要留作代数数论的长期目标(例如，椭圆曲线的BSD猜想，或者阿庭关于他的非阿贝尔L函数的全纯猜想)．安德鲁(怀尔斯)的工作是对这种研究模式的绝妙解毒剂，也是我们时代的最响亮的警示：我们是能够期望最终解开数论中那些最深奥的神谜的．”

7.6 确定全部勾股数

费马的猜想，起源于古希腊丢番图书中勾股定理：

$$a^2+b^2=c^2.$$

可否求出所有整数边长的直角三角形呢？也就是求所有满足上述(勾股方程)的正整数 a,b,c. 这也就是要求所有满足如下(圆方程)的有理数解 x,y:

$$x^2+y^2=1,$$

也即是求单位圆上的全部有理点(x,y). 我们设法将问题转化为求直线上的全部有理点，问

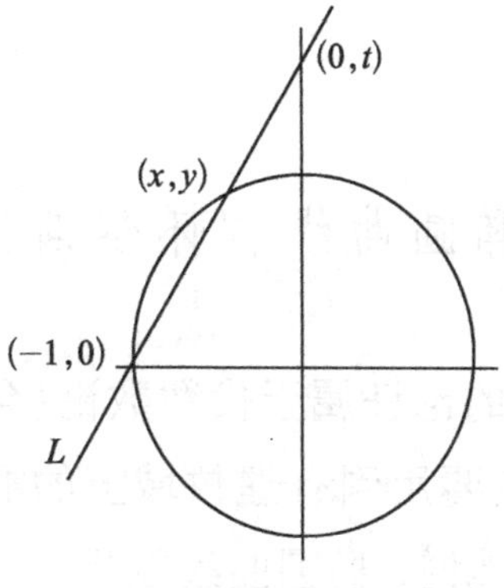

图 7.3　确定勾股数

题就解决了.

设图 7.3 中直线 L 的斜率为 t, 直线方程为 $y=t(x+1)$. 代入圆的方程 $x^2+y^2=1$, 得到直线与单位圆的交点为 $(-1,0)$ 和满足下式的 (x,y):

$$x=\frac{1-t^2}{1+t^2},\quad y=\frac{2t}{1+t^2}$$

因此, x,y 为有理数当且尽当 t 为有理数. 当 $t=\frac{n}{m}$ 取遍有理数时, 即直线斜率取遍有理数时, 交点 x,y 取遍单位圆上的所有的有理点, 即 x,y 取遍所有有理数:

$$x=\frac{m^2-n^2}{m^2+n^2},\qquad y=\frac{2mn}{m^2+n^2}.$$

所以勾股数全体如下 $(m,n$ 取遍整数):

$$(a,b,c)=(m^2-n^2,\ 2mn,\ m^2+n^2)$$

7.7 椭圆曲线和怀尔斯的证明

怀尔斯的论证属于代数数论(包括算术代数几何), 主要用到有理数域上的椭圆曲线等理论. 严格地说, 椭圆曲线就是亏格为 1 的光滑射影曲线. 粗略地说, 即三次方程表示的曲

线(要求处处有切线). 例如形如以下(方程的解构成)的曲线:

$$y^2 = x(x-3)(x+32),$$

$$y^2 + y = x^3 - x^2,$$

它的方程总可化为没有 y^3, xy^2 和 x^2y 项. 无穷远点 O (即 x 和 y 都无穷大)也被认为在曲线上. 本文只谈论有理数域上的椭圆曲线, 即假设方程的系数都是有理数.

椭圆曲线 E 上的实数点(即 x 和 y 都是实数的点(x, y) 全体$E(\mathbb{R})$构成如图 7.4 中的曲线形状(实线部分). 而 E 上的复数点全体 $E(\mathbb{C})$形成一个环面, 即轮胎或救生圈表面 (读者注意, 直线 $y=x$ 上的复数点全体其实就是复平面自身再加上无穷远点,就是球面. 所以不难理解, 任意曲线的复数点全体是一个曲面). 而在算术代数几何中, 最感兴趣的是 E 上有理点全体 $E(\mathbb{Q})$.

椭圆曲线的特别之处在于, 它的点之间可以定义加法, 而且点全体构成一个加法群. 加法是这样定义的: 椭圆曲线上共直线的三点之和规定为零(即图中 P,Q,R 三点). 详言之: 任给椭圆曲线 E 上两点 P 和 Q, 过此两点作直线 L, 必交 E 于第三点 R (因为直线与三次曲线的

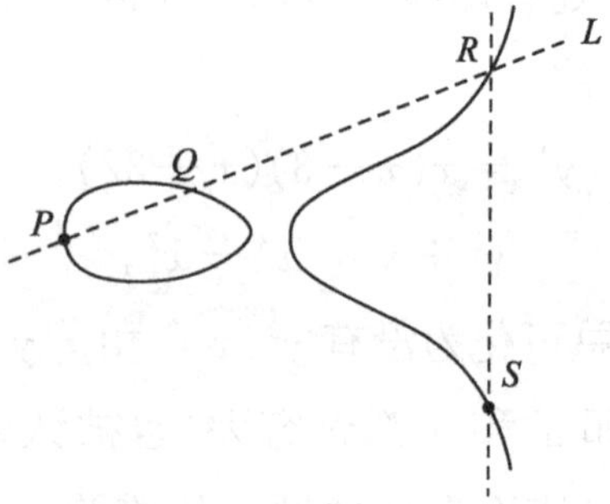

图 7.4 椭圆曲线上点的加法：$P+Q=S$

交点是三个)，再过 R 和无穷远点 O 作直线交 E 于 S(对于“标准”的椭圆曲线方程，这相当于过 R 作 y 轴的平行线交 E 于 S)，则 P 加 Q 的和定义为

$$P+Q=S.$$

当 P 与 Q 两点重合时，L 为 E 的切线. 所以这一加法称为弦切律. 无穷远点 O 是加法的零元. $E(\mathbb{R})$,$E(\mathbb{C})$，和 $E(\mathbb{Q})$都是加法群.

椭圆曲线这种看似简单的曲线，为什么如此重要呢？这不是偶然的. 所有的代数曲线可以按其“亏格”进行分类. n 次光滑曲线的亏格为 $g=(n-1)(n-2)/2$. 我们把(射影)代数曲线 V 的复数点全体记为 $V(\mathbb{C})$，这是一个曲面(封闭可定向曲面)，它上面的“洞”的个数就是

曲线V的亏格. 按亏格(也就是按$V(\mathbb{C})$的洞数),可以将曲线分为三类:

第一类:亏格$g=0$, $V(\mathbb{C})$同胚于(即可拉伸为)球面. 次数$n\leqslant 2$(对光滑曲线).

第二类:亏格$g=1$, $V(\mathbb{C})$同胚于环面(救生圈). 次数$n=3$(对光滑曲线).

第三类:亏格$g\geqslant 2$, $V(\mathbb{C})$同胚于"多人用救生圈". 次数$n\geqslant 4$(对光滑曲线).

对于算术几何最感兴趣的曲线V上的有理点集$V(\mathbb{Q})$,三类曲线情况如下:

第一类,有理点集$V(\mathbb{Q})$易求,有现成的办法. 例如圆$x^2+y^2=1$的亏格为0,它上边的有理点$\left(\frac{a}{c},\frac{b}{c}\right)$对应着勾股数$(a,b,c)$. 我们在上面已经看到,这些有理点和勾股数是容易求出的.

第二类,此时$V=E$称为椭圆曲线,有理点集$E(\mathbb{Q})$是有限生成的阿贝尔群.

第三类,由莫代尔-法尔廷斯定理,此时有理点集$V(\mathbb{Q})$是有限集合.

所以,唯独第二类(亏格是1,椭圆曲线),有理点集内涵最丰富的. 因此,椭圆曲线是唯一最重要的曲线(从算术几何角度). 椭圆曲线在数学上有许多异常重大的贡献:虚二次域上的类域论的构作(复乘法理论),高斯猜想(虚部分)的证明,费马大定理的证明,代数编码算法等.

解方程时,常常先“不计 p 的整数倍”(p 是固定素数). 这在数论中称为模 p 约化. E 的(方程)模 p 约化后的整数点(即方程“不计 p 的整数倍”的整数解)全体记为 $E(E_p)$,其点的个数记为 $\# E(F_p)$. 记

$$a_p = p + 1 - \# E(E_p).$$

对于特殊的椭圆曲线 $y^2 + y = x^3 - x^2$,数 a_p 恰为下述幂级数的系数 c_p(对 11 以外的所有素数 p):

$$\sum_{n=0}^{\infty} c_n q^n = q \prod_{n=1}^{\infty} (1 - q^n)^2 (1 - q^{11n})^2.$$

这里级数

$$f(z) = \sum c_n \mathrm{e}^{2\pi i n z}$$

是所谓的模形式(即群 $SL(2, \mathbb{Z})$ 的同余子群 $\Gamma_0(11)$ 上的权为 2 的尖点形式. 这是一类在某种群作用下不变的复变数函数. 这里 $SL(2,\mathbb{Z})$ 是二阶方阵 $\begin{pmatrix} a & b \\ c & d \end{pmatrix}$ 全体,其中 $ad - bc = 1$, $a, b, c, d \in \mathbb{Z}$). 数 a_p 有如此好性质的椭圆曲线称

为是模的(modular). 也就是说, "**椭圆曲线 E 是模的**" 定义为: 存在某同余子群 $\Gamma_0(N)$ 的权为 2 的尖点形式 $f = \sum c_n e^{2\pi i n z}$ 使得

$$a_p = c_p$$

对几乎所有的素数 p 成立(模 p 约化后曲线奇异的个别"坏"p 除外). 不过要注意 f 一般不一定要有上述形式的无穷乘积.

著名的**谷山丰-志村五郎猜想**: 有理数域上的所有椭圆曲线都是模的. 此猜想最初由谷山丰在 1955 年提出. 谷山丰(日文: 谷山　, Yutaka Taniyama, 1927. 11. 12 ～ 1958. 11. 17), 1953 年毕业于东京大学, 留校作研究生(后为副教授). 在 1955 年在东京举行的"代数数论研讨会"上, 他提出两个关于椭圆曲线和模形式密切关系的问题. 后来他的大学同学志村五郎(Goro Shimura, 1930～)和他一起研究这一想法, 被称为谷山丰-志村五郎猜想. 威耳(A. Weil)在 1967 年的论文中发表了此猜想(是作为留给有兴趣读者的一个习题!). 威耳也指出了此猜想的合理性. 在怀尔斯此工作之前, 人们仅知道此猜想对有限多椭圆曲线成立. 例如志村五郎在 1971 年证明有复乘的椭圆曲线都是模的. 也还有别的方法刻画 E 是模

的，如“E可被模曲线有限覆盖”.

怀尔斯只要证明半稳定的椭圆曲线是模的，即足以由瑞拜特的工作推知费马大定理. 怀尔斯是通过伽罗瓦表示的模性来研究的. 他首先考虑 $p=3$. 以E[3]记椭圆曲线 E 的 3 分点(复数点)全体. 由于环面 $E(\mathbb{C})$ 等同于平行四边形(对边视为同一)，可知E[3]是两个三阶循环群的直积，亦即 $E[3]=\mathbb{F}_3^2$，是三元域 F_3 上的 2 维空间. 复数域$\mathbb{C}$ 的每个自同构 $\sigma\in G$ (伽罗瓦群 G 的元素作用到点的坐标上)都是 E[3]的线性变换，从而可表示为二阶方阵 $\rho_0(\sigma)\in GL(2,F_3)$ (这里 $GL(2,\mathbb{F}_3)$ 是二阶方阵 $\begin{pmatrix} a & b \\ c & d \end{pmatrix}$全体，其中 $ad-bc\neq 0, a,b,c,d\in\mathbb{F}_3$)，这就自然得到群表示

$$\rho_0:\quad G\to GL(2,\mathbb{F}_3).$$

选取数字 3 是很关键的，因为此时有很强的朗兰兹--坍奈尔(Langlands-Tunnel)定理：E[3](或说 ρ_0)是模的，即

$$a_p\equiv c_p(\text{mod }3)$$

对某 $f=\sum c_n e^{2\pi inz}$ 成立(对除 3 外的所有素数 p)(符号 $a\equiv b(\text{mod}m)$ 的意思是：不记 m 的倍数时 $a=b$，即 $a-b$ 可被 m 整除). 这里是先设

E[3](或说 ρ_0) 不可约. 对于 ρ_0 可约的情形，怀尔斯巧妙地另用 $p=5$ 迂回地得到结果.

怀尔斯的想法是设法把 E[3]的模性“传染”给 E. 如果不但考虑 3 分点，而且同时考虑所有 3^n 分点(记 3^n 分点集为 E[3^n]). 当 n 趋于无穷时取直接极限，就得到 G 的所谓 3-adic 表示

$$\rho_E: G \rightarrow GL(2, \mathbb{Z}_3),$$

其中$\mathbb{Z}_3$ 中的元素称为 3-adic 整数(可表为无穷级数 $\sum_{k=0}^{\infty} a_k p^k$，整数 $0 \leqslant a_k \leqslant p-1$,按照 p-adic 绝对值 $|p^k|=(1/e)^k$ 收敛). ρ_E 称为 ρ_0 的提升. 而E是模的当且仅当 ρ_E 是模的. 由 E[3] 的模性可知，还有另一个来自相应模形式 f 的提升

$$\rho_f: G \rightarrow GL(2, \mathbb{Z}_3).$$

迈组尔(Mazur)猜想：有适当局部性质的所有提升(变形)都是模的. 怀尔斯用交换代数把迈组尔猜想归结为一个“计数”问题，即一个“基本”不等式：

提升的个数 $\leqslant$ 同余于 f 的模形式个数.

此式的左边计数可化为对塞莫群，是 G 的一阶上同调群的子群. 右边，由海达(Hida)的工作，

可联系到产生 f 的对称平方 L 函数在 2 点的值的代数部分. 上述基本不等式非常象数年前布劳克和凯透猜想的一个很广泛的等式. 1993 年 6 月证明的漏洞正是出现在左边塞莫群阶的上限推导. 1994 年 9 月, 怀尔斯舍弃欧拉系统的方法而回到他原来的环论方法, 终于证明了基本不等式, 证明了 ρ_0 的提升 ρ_E 是模的, 从而证明了 E 是模的, 终于完成了费马大定理的历史性证明.

怀尔斯论文的目录如下. 第一章. 1. 伽罗瓦表示的变形, 2. 上同调群的计算, 3. GL-2 (k) 的子群结果. 第二章. 1. 高壬斯坦性质, 2. 亥克环间的同余, 3. 主猜想. 第三章. 塞莫群的估计. 第四章. 1. 普通 CM 情形, 2. η 的计算. 第五章. 到椭圆曲线的应用. 论文发表如下:

[1] Andrew wiles. Modular Elliptic Curves and Fermat's Last Theorem. Annals of Mathematics, 142(1995): 443~551.

[2] Richard Taylor and Andrew Wiles. Ring-theoretic properties of certain Hecke algebras. Annals of Mathematics, 142 (1995): 553~572.

结　语

费马大定理，历经 3 个多世纪，世界多少代人才为之苦苦追求，最终被解决了，意义重大. 他不但在科学上说明了现代数学的强大威力和惊人进步，说明了现代高度抽象的数学理论的实在性和真理性，开辟了新的数学研究天地和研究方法；也引起人们哲学上的思考，人类的智慧是没有界限的，世界的规律是可以认识的，计算机等机器能力的巨大发展从根本上不是取代人的思维. 正像在历史上每一次科学进步时一样，这里需要，我们也看到了，百折不挠求索科学真理的精神和勇气.

(本章是据作者在 2002 年国际数学家大会期间，北京数学会组织的几场报告的报告底稿和《世界科学研究与发展》发表的如下两文改编：17(1995)，No. 4，26～27 和 19(1997)，No. 1，74～78).

参考文献

[1] B. L. van der Waerden. A History of Algebra. Berlin：Springer-Verlag，1980

[2] H. Eves. Introduction to the History of Mathematics，fifth edit.. Saunders College Pub.，New York，1984

[3] Nathan Jacobson，Lectures in Abstract Algebra III. Theory of Fields and Galois Theory（Graduate Texts in Math. 32）. New York：Springer-Verlag，1980

[4] Nathan Jacobson. Basic Algebra 1. W. H. Freeman and Company，San Francisco，1974

[5] Serge Lang. Algebra. London：Addison-Wesley Pub.，1970

[6] H. M. Edwards. Fermat's Last Theorem. New York：Springer-Verlag，1977

[7] H. M. Edwards. Galois Theory. New York：Springer-Verlag，1984

[8] K. Ireland，M. Rosen. A Classical Introduction

to Modern Number Theory . New York：Springer-Verlag，1990

[9] J. Silverman. The Arithmetic of Elliptic Curves . New York：Springer-Verlag，1985

[10] M. Marcus. Introduction to Modern Algebra. New York:Marcel Dekker，Inc. ，1978

[11] B. L. 范德瓦尔登.，代数学 I. 丁石孙，曾肯成，郝炳新译. 科学出版社，1978

[12] 张贤科. 许甫华，高等代数学(第二版). 北京:清华大学出版社,2004

[13] 张贤科. 代数数论导引(第二版). 北京:高等教育出版社,2006

[14] 张贤科. 费马大定理最新进展. 世界科技研究与发展,17(1995),No. 4,26～27

[15] 张贤科. 费马大定理-怀尔斯的证明. 世界科技研究与发展，19(1997)，No. 1，74～78

[16] 张贤科. 代数、数论和费马大定理等介绍. http://faculty. math. tsinghua. edu. cn/faculty/～xzhang/fermatetc. html

